基谢廖夫平面几何

［苏］基谢廖夫　著　　　陈艳杰　程晓亮　译

哈尔滨工业大学出版社
HARBIN INSTITUTE OF TECHNOLOGY PRESS

内 容 简 介

本书介绍了平面几何的相关知识及问题,共分 5 章,主要包括直线、圆、相似、正多边形与圆周、面积的相关内容,同时收录了相应的习题.本书按照知识点分类,希望通过对习题的实践训练,可以强化学生对平面几何基础知识的掌握,激发读者的兴趣,启迪思维,提高解题能力.

本书适合中学师生、数学相关专业学生及几何爱好者参考使用.

图书在版编目(CIP)数据

基谢廖夫平面几何/(苏)基谢廖夫著;陈艳杰,
程晓亮译. —哈尔滨:哈尔滨工业大学出版社,2022.1(2024.11 重印)
ISBN 978 - 7 - 5603 - 9746 - 7

Ⅰ.①基…　Ⅱ.①基…　②陈…③程…　Ⅲ.①平面几
何　Ⅳ.①O123.1

中国版本图书馆 CIP 数据核字(2021)第 206039 号

策划编辑　刘培杰　张永芹
责任编辑　王勇钢
封面设计　孙茵艾
出版发行　哈尔滨工业大学出版社
社　　址　哈尔滨市南岗区复华四道街 10 号　邮编 150006
传　　真　0451 - 86414749
网　　址　http://hitpress.hit.edu.cn
印　　刷　哈尔滨市石桥印务有限公司
开　　本　787 mm×1 092 mm　1/16　印张 15.5　字数 258 千字
版　　次　2022 年 1 月第 1 版　2024 年 11 月第 2 次印刷
书　　号　ISBN 978 - 7 - 5603 - 9746 - 7
定　　价　48.00 元

目　录

引　言

§1　几何图形

物体占据的空间部分称为几何体.

几何体被一个面与周围空间隔开.

面的一部分与相邻部分用一条线隔开.

线的一部分与相邻部分用一个点隔开.

几何体、面、线和点不是单独存在的.但通过抽象,我们可以思考独立于几何体的面,独立于面的线,独立于线的点.在抽象时,我们认为面是没有厚度的;认为线既没有厚度也没有宽度;认为点没有长度,没有宽度,也没有厚度.

在空间中以某种方式确定的点、线、面或立体图形统称为几何图形.几何图形可以在不发生改变的情况下在空间中移动.两个几何图形称为全等的,如果移动其中一个图形,可以将其叠加到另一个图形上,使得两个图形在各部分互相重合.

§2　几何学

研究几何图形性质的理论叫作几何学,这是从希腊语 —— 土地测量翻译过来的.之所以取这个名字,是因为古代几何学的主要目的是测量地球表面的某些距离和面积.

最初的几何学概念及其基本性质,是对事物相应的共同概念和日常经验的理想化.

§3　平面

最常见的面是平面.平面可以看作是一块玻璃的表面,或是一个池塘的平静水面.

我们注意到平面有以下性质:可以将一个平面叠加在它本身或其他任何平面上,使得一个给定点叠加到另一个给定点上,也可以将平面翻转来完成.

§4　直线

最简单的线是直线.一根绷得紧紧的细线,或者从小孔射出的一束光线,都给予了直线的形象.由直线的这些直观形象,给出直线的下列基本性质:

过空间中的任意两点,有且只有一条直线.

由此得出的结论是:

如果两条直线以这样的方式彼此对齐,即一条直线上的两个点与另一条直线上的两个点分别重合,那么这两条直线上的其他点也重合(否则过两点有两条不同直线,这是不可能的).

同理,两条直线至多交于一点.

关于直线在平面上,有下列事实:

如果一条直线上的两个点在平面内,那么这条直线上的所有点都在这个平面内.

§5　无界直线、射线、线段

向两个方向无限延伸的直线,我们称之为无限(或无界)直线.

直线通常用其上的表示任意两个点的大写字母来表示.读作"直线 AB"或"直线 BA"(图 1).

两边有界的直线的一部分称为直线段.通常用两个字母来表示端点(线段 CD,图 2).有时直线或线段也可以用一个小写字母表示,即"直线 a,线段 b".

通常我们不说"无界直线"和"直线段",而是简称为直线和线段.

有时,只考虑直线在一个方向上有界,例如在端点 E 处(图 3),称这样的直线为以 E 为起点的射线(或半直线).

A　a　B　　　　C　b　D　　　　E

图 1 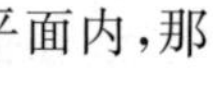　　　　　图 2 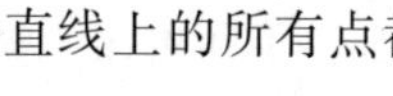　　　　　图 3

§6　全等线段和非全等线段

如果两条线段可以相互叠加,且端点重合,那么这两条线段全等.例如,假

设把线段 AB 叠加到线段 CD 上（图4），将端点 A 与端点 C 重合，使射线 AB 和 CD 在一条直线上．如果，点 B 和点 D 重合，那么线段 AB 和 CD 全等．否则线段 AB 和 CD 非全等，其中一条线段是另一条线段的一部分，则认为该线段是较短线段．

$$A \quad\quad\quad\quad B \quad C \quad\quad\quad\quad D$$

图 4

在一条直线上截取与给定线段全等的线段，可以借助于圆规，一种我们认为读者熟悉的绘图工具．

§7　线段的和

几条给定线段（AB，CD，EF，图5）的和是一条线段．详细解释如下：在一条直线上任取一点 M，以点 M 为起点作线段 MN 等于 AB，接着作线段 NP 等于 CD，作线段 PQ 等于 EF，且都与 MN 同向，则线段 MQ 是线段 AB，CD 与 EF（称为其和的被加数）的和．同理可以得到任意条线段的和．

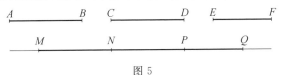

图 5

线段求和与数求和的性质相同．特别是求和与被加数的顺序无关（即交换律成立），当一些被加数被它们的和所取代时，其和仍保持不变（即结合律成立）．例如

$$AB + CD + EF = AB + EF + CD = EF + CD + AB = \cdots$$
$$AB + CD + EF = AB + (CD + EF) = CD + (AB + EF) = \cdots$$

§8　线段运算

线段加法的概念引出了线段减法以及线段与整数相乘和相除的概念．例如，线段 AB 和 CD 的差（如果 $AB > CD$）是一条线段，其与线段 CD 的和等于线段 AB；线段 AB 与数3的乘积是三条与线段 AB 相等的线段之和；线段 AB 与数3的商是线段 AB 的三分之一．

如果给定线段用特定的线性单位（例如，cm）测量，并且线段长度用对应的

3

数表示,那么线段和的长度可用表示这些线段长度的数之和来表示,线段差的长度用数的差来表示,依次类推.

§9　圆

将圆规的一只脚固定在平面上的一点 O,令两只腿之间打开任意距离(图6),在点 O 处转动圆规,则另一只带有铅笔的腿在平面上绘制一条连续的弯曲线,且曲线上的所有的点到点 O 的距离相同.这条曲线叫作圆,点 O 叫作圆心.连接圆心和圆上一点的线段(图6中 OA,OB,OC)叫作半径.同圆的所有半径都相等.

将圆规设成相同半径所作的圆全等,因为如果把所有圆的圆心放在同一点上,那么圆上的所有的点都互相重合.

与圆交于任意两点的直线(图6,MN)称为割线.

两个端点都在圆上的线段(EF),称为弦.

过圆心的弦(AD)称为直径.直径等于两条半径的和.因此,同圆的所有直径都相等.

圆上任意两点间的部分(例如 EmF)称为圆弧.

连接圆弧端点的弦称为弧所对的弦.

有时用符号"⌒"表示圆弧;例如,记作 $\overset{\frown}{EmF}$.

平面上以曲线圆周为界的部分称为圆.

包含在两半径之间的圆的部分(图6中阴影部分 COB)称为扇形,被割线所截的圆的部分(阴影 EmF)称为弓形.

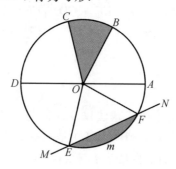

图 6

§10　等弧和非等弧

同圆的两条弧(或两个全等圆的两条弧)是全等的,如果两条弧可以叠加,且端点重合.事实上,假设点 A 与点 C 重合,沿着弧 AB 至弧 CD 方向,将弧 AB 与 CD 叠加.如果端点 B 和 D 重合,那么弧上的其他点也重合,因为这些点到圆心的距离相等,所以 $\overset{\frown}{AB} = \overset{\frown}{CD}$.但如果点 B 和点 D 不重合,那么这两条弧不全等,且必有一条弧是另一条弧的一部分,则认为该弧是较短弧.

§11　弧的求和

几条半径相同的弧的和是同一半径圆上的弧,其由全等于给定弧的各子弧组成.因此,在圆上任取一点 M(图7),弧 MN 全等于弧 AB.接着上一条弧的端点 N,截取弧 NP 全等于弧 CD,则弧 MP 即为弧 AB 和 CD 的和.

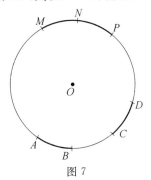

图 7

同一半径的弧相加,会有圆弧之和大于整个圆的情况,其中一个圆弧部分覆盖另一个圆弧.例如,圆弧 AmB 和 CnD 相加(图8),其和为整个圆与圆弧 AD.

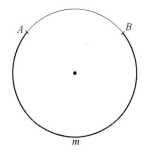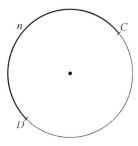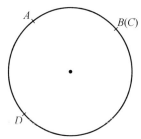

图 8

与线段加法类似,弧的加法也满足交换律和结合律.

根据弧的加法概念,可推导弧的减法,类比线段乘法及除法可推得弧与整数的乘法和除法概念.

§12　几何学分支

几何学科可分为两部分:平面几何或平面测量学以及立体几何或立体测量学.平面测量学研究的是在同一平面上的几何图形的性质.

练　　习

1.列举由一个、两个、三个、四个平面(或平面的一部分)围成的几何体.

2.证明如果一个几何图形与另一个几何图形全等,而另一个几何图形又与第三个几何图形全等,那么第一个几何图形与第三个几何图形全等.

3.解释为什么空间中的两条直线至多交于一点.

4.根据§4的直线定义,证明若直线不在平面上,则直线与平面至多交于一点.

5.举一个非平面的曲面例子,使曲面满足平面的性质:可与自身叠加,使得任意一个给定点与另一个给定点重合.

注:要求示例不唯一.

6.根据§4的直线定义,证明过平面内的任意两点,有且只有一条直线.

7.在一张纸上有两个点,用直尺过这两个点作直线.如何验证这条线是直线.

提示:把直尺倒过来.

8.折叠一张纸,沿用前面的问题,验证折痕是直线.你能解释为什么折纸的边缘是直线吗?

注:这个问题可能有多个正确答案.

9.证明平面内的每一点都被这个平面上的一条直线穿过.这样的线有多少条?

10.找出平面以外的曲面,与平面一样,使得曲面上的每个点都被曲面上的一条直线穿过.

提示:可以通过弯曲一张纸来获取这样的曲面.

11.参考§1中的全等图形定义,证明任意两条无限长直线全等;任意两条射线全等.

12.在给定直线上,用圆规以尽可能少的次数截取一条线段等于四倍的给定线段.

13.给定线段的和(差)是唯一的吗? 对于给定线段的和,作两条不同线段.证明这两条线段相等.

14.作端点重合的两条非等弧.这两条弧是否在非全等圆上? 在全等圆上吗? 还是在同一个圆上?

15.举例说明:等弦所对的弧可以不相等.非等弧所对的弦能否相等?

16.明确陈述弧的减法运算以及弧与整数的乘除运算.

17.根据圆弧运算,证明将给定弧乘以 3 再除以 2 得到的弧,与对给定弧反向运算得到的圆弧相等.

18.全等线段(或弧)的和(差)可以是非全等的吗? 非全等的线段或弧的和(差)是否全等?

19.根据线段或弧的和的定义,解释为什么线段(或弧)的加法满足交换律.

提示:用 BA 确定线段(或圆弧)AB.

第1章　直　　线

第1节　角

§13　基本概念

从同一点引出的两条射线形成的图形叫作角. 构成角的两条射线叫作角的边, 两边的公共端点叫作角的顶点. 边可以看作是从顶点开始向外无限延伸的.

一个角通常由三个大写字母表示, 中间的字母表示顶点, 另两个字母分别表示两条边上的一个点. 例如, 记作"角 AOB" 或"角 BAO" (图9). 若图形中的角不存在与其共顶点的其他角, 则可仅用表示顶点的字母来表示这个角. 有时我们也用角内与顶点相邻的数字来表示这个角.

角的两边把角所在的整个平面分成两个区域. 其中一个区域叫作角的内部, 另一个区域叫作角的外部. 通常把包含连接角的两边上任意两点的线段的区域看作是角的内部, 例如, 角 AOB 两边上的点 A 和点 B (图9). 有时需要考虑将平面的其他部分作为角的内部. 在这种情况下, 将平面的哪个区域看作是角的内部, 需要进行特殊讨论. 如图10所示, 两种情况下的阴影部分都表示角的内部.

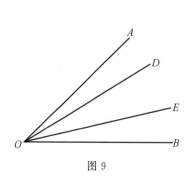

图 9

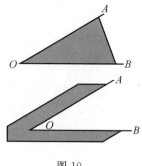

图 10

从角的顶点引出的并在角的内部的射线(OD, OE, 图 9)及角的两边, 形成了新的角(AOD, DOE, EOB), 这些角都是角 AOB 的子角.

在书面中, 通常用符号"$\angle$"来表示"角". 例如, "角 AOB"记作"$\angle AOB$".

§14　等角和全等角

根据全等图形的一般定义, 若移动一个角可与另一个角重合, 则这两个角是全等的.

如图 11, 例如, 假设将 $\angle AOB$ 叠加在 $\angle A'O'B'$ 上, 使得点 O 与点 O' 重合, 边 OB 与直线 $O'B'$ 重合. 若 OA 与 $O'A'$ 重合, 则这两个角是全等的. 若 OA 落在 $\angle A'O'B'$ 的内部或者外部, 则这两个角不全等, 若 OA 在 $\angle A'O'B'$ 的内部, 则 $\angle AOB$ 小于 $\angle A'O'B'$.

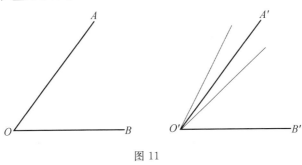

图 11

§15　角的加和

$\angle AOB$ 与 $\angle A'O'B'$ 的和定义如下: 如图 12, 对于给定的 $\angle AOB$, 作 $\angle MNP = \angle AOB$, 并作辅助角 $\angle PNQ$ 等于 $\angle A'O'B'$. 这样 $\angle MNP$ 与 $\angle PNQ$ 有公共顶点 N, 共同边 NP, 两个角的内部在公共边 NP 的两侧, 则称 $\angle MNQ$ 为 $\angle AOB$ 与 $\angle A'O'B'$ 的和. 角的和的内部等于被加数的内部的和. 这个区域包含被加数的公共边 NP. 同理, 可以得出三个及三个以上的角的和.

与线段加法类似, 角的加法也满足交换律和结合律. 从角的加法可以推出角的减法以及角与整数的乘除法.

如图 13, 我们通常要研究将角平分的射线, 我们把这条射线叫作角平分线.

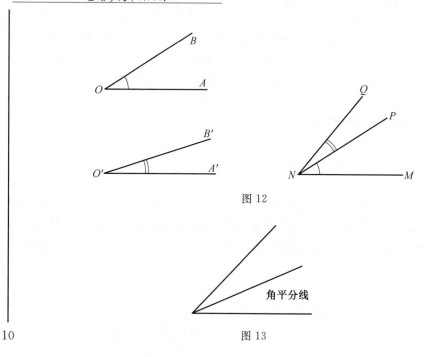

图 12

角平分线

图 13

§16　角的概念扩展

当人们计算角的加和时,可能会出现需要我们特殊注意的一些情况.

(1) 如图 14,三个角 $\angle AOB$,$\angle BOC$ 和 $\angle COD$ 相加,可能 $\angle COD$ 的一边 OD 恰好是 $\angle AOB$ 的边 OA 的延长线,这样,我们得到从点 O 引出的两条射线 (OA 和 OD)构成的图形,这样的图形也是一个角,我们把它叫作平角.

(2) 如图 15,五个角 $\angle AOB$,$\angle BOC$,$\angle COD$,$\angle DOE$ 和 $\angle EOA$ 相加, $\angle EOA$ 的边 OA 恰好与 $\angle AOB$ 的边 OA 重合.由两条射线(连同围绕顶点 O 的整个平面)构成的图形是一个角,称为全角.

(3) 最后,角的加和不仅覆盖公共顶点周围的整个平面,还会覆盖每个被加数,两次覆盖公共顶点周围的整个平面,三次 ……,依次类推,这样角的加和就等于一个周角加上另一个角,或等于两个周角加上另一个角,依次类推.

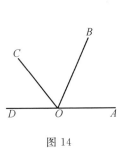

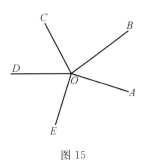

图 14   图 15

§17   圆心角

如图 16,称圆的两条半径所夹角($\angle AOB$)为圆心角.圆心角与在角的两边之间的弧相互对应.

圆心角及其所对的弧具有以下性质.

在同圆或两个等圆中:

(1) 如果圆心角相等,则其所对的弧相等.

(2) 反之亦然,如果弧相等,则其所对圆心角相等.

如图 17,设 $\angle AOB = \angle COD$,求证弧 AB 和弧 CD 相等.假设扇形 AOB 沿箭头所示方向绕圆心 O 旋转,直到半径 OA 与 OC 重合.由于 $\angle AOB = \angle COD$,故半径 OB 与 OD 重合,因此弧 AB 和弧 CD 也重合,即两弧相等.

第二个性质同理可证.

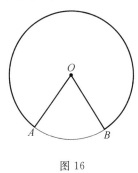

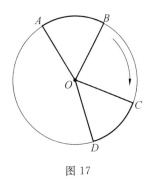

图 16   图 17

§18   弧度和角度

假设将一个圆 360 等分,用半径连接所有的等分点与圆心,则以点 O 为顶点,形成 360 个彼此相等的圆心角,且圆心角的对应弧也相等.称其中一条圆弧为弧度,称一个圆心角为角度.因此,可以说 1 弧度等于 $\frac{1}{360}$ 圆,其度数等于与之对应的圆心角度数.

度进一步 60 等分,称其中一份为分,分进一步 60 等分,将其中一份称为秒.

§19　圆心角和圆弧的对应关系

如图 18,任取 $\angle AOB$,在角两边之间,以顶点 O 为圆心,任意半径作圆弧 CD,则 $\angle AOB$ 是圆弧 CD 对应的圆心角.如图 18,显然连接分割点与圆心的半径将 $\angle AOB$ 分成 7 个角.更一般地说,一个角是由它所对应的圆弧确定的,这表明角的角度等于其对应弧的弧度.例如,如果弧 CD 的弧度是 20 度 10 分 15 秒,则 $\angle AOB$ 的角度是 20 度 10 分 15 秒,符号表示为:$\angle AOB = 20°10'15''$,符号 °,′,″ 分别表示度,分和秒.

角度单位与圆的半径无关.事实上,由 §15 所述的求和法则可知,圆在圆心处的周角是 360°.不管圆的半径是多少,周角不变.因此我们可以说,1° 等于 $\frac{1}{360}$ 周角.

§20　量角器

如图 19 的工具是用来测量角度的.它是一个半圆,圆弧的度数为 180°.为了测量 $\angle DCE$,我们将量角器放置在角上,使量角器的圆心与角的顶点重合,半径 CB 在边 CE 上,则夹在 $\angle DCE$ 两边之间的弧的度数即为 $\angle DCE$ 的度数.用量角器可以画出任意度数角(例如,90°,45°,30° 的角).

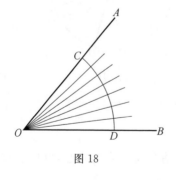

图 18

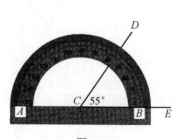

图 19

练 习

20.用量角器和直尺作任意角的角平分线.

21.在给定角的外部,作另一个角等于给定角.你能在角的内部构造这个角吗?

22.两个不同的角可有多少条公共边?

23.两个不同余的角能都为 55 度角吗?

24.两个不相等的圆弧能都为 55 弧度吗? 如果这两个圆弧的半径相等呢?

25.两条直线相交构成四个角,其中一个角的度数是 25°,求其余三个角的度数.

26.过同一点的三条直线构成六个角,其中两个角的度数分别是 25° 和 55°.求其余四个角的度数.

27*.若已知 19° 的圆弧,则只应用圆规构造 1° 的圆弧.(本书中标记 * 表示本题难度较大.)

第2节 垂 线

§21 直角、锐角和钝角

90°(即平角的一半或周角的四分之一) 的角叫作直角(right angle),小于直角的角叫作锐角(acute),大于直角的角叫作钝角(obtuse)(图 20).

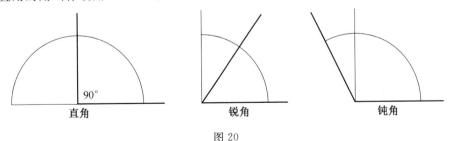

直角   锐角   钝角

图 20

当然,因为所有直角度数都相等,所以直角都全等.

直角的度量有时用 d 表示(法语单词 droit 的首字母,表示"垂直的").

§22　补角

如果两个角(∠AOB 和 ∠BOC,图 21)有一条公共边,且两个角的另一条边互为延长线,则称这两角为补角.因为这两个角的和是一个平角,两个补角的和是 180°(换句话说,补角的和等于两直角和).

对于任意一个角都可以构造它的两个补角.例如,如图 22,对于 ∠AOB,延长边 AO 得到补角 ∠BOC,延长边 BO 得到同角 ∠AOD.同一个角的两个补角彼此全等,因为这两个角的度数相等,即 ∠AOB 加上其补角等于 180°,是一个平角.

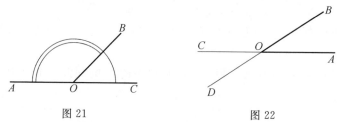

图 21　　　　　　图 22

如果 ∠AOB 是直角(图 23),即度数等于 90°,那么 ∠AOB 的两个补角 ∠COB 和 ∠AOD 也是直角,因为补角度数等于 180°−90°,即 90°.第四个角 ∠COD 也是直角,因为 ∠AOB,∠BOC,∠AOD 的度数和等于 270°,因此第四个角的度数为 360°−270°=90°.这样,如果两条相交直线(AC 和 BD,图 23)所成的四个角中,有一个角是直角,那么其他三个角也是直角.

§23　垂线和斜线

当两个补角不相等时,称两角的公共边(OB,图 24)是两角另外两边所在直线(AC)的斜线.然而,当每个补角都是直角即补角相等时(图 25),垂直于两补角另两条边所在直线的公共边叫作垂线,公共顶点(O)在第一种情况下叫作斜足,在第二种情况下叫作垂足.

若两条直线(AC 和 BD,图 23)相交所成的角是直角,则称这两条直线互相垂直.直线 AC 垂直于直线 BD 记作:AC ⊥ BD.

注　(1)若过直线 AC(图 25)上一点 O 作直线 AC 的垂线,则我们说垂线是"立"在直线 AC 上的.若过直线 AC(图 25)外一点 B 作直线 AC 的垂线,则我们说垂线是"落"在直线 AC 上的(无论垂线向上或向下).

（2）显然,过给定直线上的任意一点可以向直线的两侧作垂线,且这条垂线是唯一的.

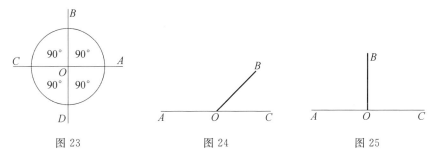

图 23   图 24   图 25

§24 证明过直线外任一点可作直线的垂线,且这样的垂线是唯一的

如图 26,已知直线 AB 外任意一点 M.下面证明:首先,从点 M 可以作直线 AB 的垂线.其次,这样的垂线是唯一的.

假设将图形沿 AB 对折,这样得到图形的轴对称图形.记点 M 的对应位置 15 为点 N.将图形展开,用直线连接点 M 和点 N.下面证明直线 MN 垂直于直线 AB,且过 M 的其他直线,比如 MD,不垂直于直线 AB.为此再次将图形对折,则点 M 与点 N 重合,点 C 和点 D 还在原来的位置.所以有,$MC = NC$,$MD = ND$.由此可得

$$\angle MCB = \angle BCN , \angle MDC = \angle CDN$$

又 $\angle MCB$ 与 $\angle BCN$ 互补,所以 $\angle MCB$ 与 $\angle BCN$ 都是直角.从而 $MN \perp AB$,也就是说 MDN 不是直线(因为过点 M 和点 N 不能有两条直线),那么两个等角 $\angle MDC$ 和 $\angle CDN$ 的和不等于 $2d$.$\angle MDC$ 不是直角,也就是说 MD 不垂直于 AB.因此从点 M 作 AB 的垂线有且仅有一条.

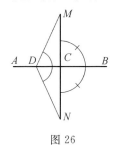

图 26

§25 三角板

对于给定直线的垂线的实际作图来说,使用直角三角板是非常简便的. 如图 27,过直线 AB 上的一点 C 作直线 AB 的垂线,或者过直线外一点 D 作直线 AB 的垂线,可以将直尺与直线 AB 对齐,将三角板一边与直尺对齐,然后沿直尺移动三角板,直到三角板的另一边过点 C 或点 D,作直线 CE.

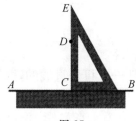

图 27

16

§26 对顶角

如果一个角的两边分别是另一个角两边的反向延长线,且这两个角有公共顶点,那么把这两个角叫作对顶角. 例如,如图 28,直线 AB 和 CD 相交,形成了两组对顶角:$\angle AOD$ 和 $\angle COB$,$\angle AOC$ 和 $\angle DOB$(以及四对互补角).

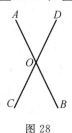

图 28

对顶角相等(例如,$\angle AOD = \angle BOC$),因为对顶角都是同一个角的两个补角($\angle DOB$ 或 $\angle AOC$),由 §22 知同一角的两个补角相等.

§27 共顶点的角

记住以下关于共顶点的角的简单事实:

（1）如果共顶点的多个角（$\angle AOB$，$\angle BOC$，$\angle COD$，$\angle DOE$，图 29）之和等于平角，那么这几个角的总和为 $2d$，即 $180°$.

（2）如果共顶点的多个角（$\angle AOB$，$\angle BOC$，$\angle COD$，$\angle DOE$，$\angle EOA$，图 30）之和等于周角，那么这几个角的总和为 $4d$，即 $360°$.

（3）如果两个角（$\angle AOB$ 和 $\angle BOC$，图 24）有公共顶点（O）和一条公共边（OB），且加和等于 $2d$（即 $180°$），那么这两个角的另外两边（AO 和 OC）互为延长线（即，这两个角是互补的）.

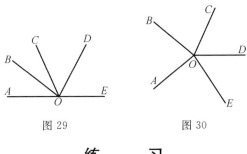

图 29　　　　　　图 30

练 习

28. $14°24'44''$ 角和 $75°35'25''$ 角的和是锐角还是钝角？

29. 从同一点上作五条射线将周角五等分. 这五条射线形成了多少个不同的角？哪些角是相等的？哪些角是锐角？哪些角是钝角？求出每个角的度数.

30. 若两个角之和等于平角，那这两个角可以都是锐角吗？可以都是钝角吗？

31. 求相加等于周角的最少锐角（或钝角）个数.

32. 求 $38°20'$ 角的补角.

33. 两条直线相交形成四个角，其中一个角是 $2d/5$，求其他三个角.

34. 已知一个角是它补角的二倍，求这个角的度数.

35. $\angle ABC$ 和 $\angle CBD$ 有公共顶点 B，一条公共边 BC，且不重合. 如果 $\angle ABC = 100°20'$，$\angle CBD = 79°40'$，那么边 AB 和边 BD 是否在一条直线上？或是一条折线？

36. 过给定直线上一定点作定直线的两条垂射线，求这两条直线所成角.

37. 在钝角内部，过顶点分别作两边的垂线. 若两条直线相交所成角为 $4d/5$，求钝角度数.

证明：

38. 两个补角的角平分线互相垂直.

39. 两个对顶角的角平分线互为彼此的延长线.

40. 如果在直线 AB 上的点 O 处(图28),有两个等角 $\angle AOD$ 和 $\angle BOC$,分别在直线 AB 的两侧,那么这两个角的另外一边 OD 和 OC 在一条直线上.

41. 如果从点 O(图28) 开始,作射线 OA,OB,OC 和 OD 使 $\angle AOC = \angle DOB$ 和 $\angle AOD = \angle COB$,那么 OB 是 OA 的延长线,OD 是 OC 的延长线.

提示:应用 §27,结论(2) 和结论(3).

第 3 节　数　学　命　题

§28　定理、公理、定义

从我们目前已有的知识基础可以得出这样的结论:我们认为一些几何陈述是非常明显的(例如,§3 和 §4 中平面和直线的性质),而其他一些陈述则需要通过推理得到(例如,§22 中互补角的性质和 §26 中对顶角的性质).在几何学中,这种推理过程是发现几何图形性质的主要途径.因此,熟悉几何学的一般推理方式是很有启发性的.

在几何学中建立的所有事实都以命题的形式出现.这些命题分为以下几种类型:

定义　定义是解释一个名词或表达式的含义的命题.例如,我们已经学过的圆心角、直角、垂线的定义等.

公理　公理①是指不证自明的事实.例如,这包括我们之前遇到的一些命题(§4):过任意两点有且只有一条直线;如果直线上的两点在给定平面内,那么直线上的所有的点都在这个平面内.

我们再列举几个关于数量的公理:

如果两个量中的每一个都等于第三个量,则这两个量彼此相等;

如果等量加上或减去一个等量,则这两个量仍然相等;

如果不相等的两个量加上或减去一个等量,则其不等关系仍然成立,即较大的量仍然较大.

定理　定理是只有通过某种严格推理过程(证明)得到正确结论的命题.

① 在几何学中,一些公理被叫作公设.

18

下面的命题可以作为例子.

在同圆或等圆中,若圆心角相等,则其对应的弧也相等.

如果两条相交直线形成的四个角中有一个角是直角,那么余下三个角也是直角.

推论 推论是直接从公理或定理出发的推导命题.例如,由公理"过两点有且只有一条直线",可得到推论"两条直线至多交于一点".

§29 定理的内容

在一个定理中,可以将定理分为两部分:假设和结论.假设表达了已知条件,结论是需要证明的.例如,定理"如果圆心角相等,那么其所对应的弧也相等",假设是定理的第一部分,"如果圆心角相等",结论是第二部分,"那么其所对应的弧也相等".换句话说,已知圆心角相等,需要证明在这个假设下圆心角的对应弧相等.

定理中的假设和结论有时可能由几个独立的假设和结论组成.例如,定理"如果一个数可以被 2 和 3 整除,那么它可以被 6 整除",假设由两部分组成"如果一个数可以被 2 整除"和"如果一个数可以被 3 整除".

值得注意的是,任何定理都可以以这样的方式表述:假设以"如果"开头,结论以"那么"开头.例如,定理"对顶角相等",可以表述为:"如果两个角是对顶角,那么这两个角相等."

§30 逆定理

通过用结论(或部分结论)代替给定定理的假设,并用给定定理的假设(或部分假设)代替结论,得到了与给定定理互逆的定理.例如,以下两个定理是互逆的:

"如果圆心角相等,那么其对应弧也相等."

"如果弧相等,那么其对应的圆心角相等."

如果我们称其中一个定理为原定理,那么将另一个定理叫作原定理的逆定理.

在前面的例子中,原定理和逆定理都是正确的.但这种情况并不总是成立.例如,定理"如果两个角是对顶角,那么这两个角相等",这是真的;但其逆定理"如果两个角相等,那么这两个角是对顶角",这是假的.

事实上,角平分线(图13)将角分成两个较小的等角,但这两个角不是对顶角.

练　习

42.利用角的两边概念,给出补角(§22)和对顶角(§26)的定义.

43.根据从一点引出射线的概念,给出角、角的顶点和边的定义.

44.根据引言中直线和点的概念给出射线和直线段的定义.是否有点、线、平面、表面、几何体的定义?为什么?

注:这些几何概念的例子,被认为是不可定论的.

45.§6中的命题是定义、公理还是定理:"若两条线段可以叠加,且端点重合,则这两条线段全等"?

46.给出几何图形和全等几何图形的定义.有等线段、等弧、等角的定义吗?为什么?

47.定义圆.

48.叙述定理的逆命题:"如果一个数可以被2和3整除,那么这个数可以被6整除."逆命题是真的吗?为什么?

49.§10的命题:"如果同一圆的两条弧对齐,那么两弧的端点重合",把假设和结论分开,叙述其逆命题,逆命题是真的吗?为什么?

50.定理"两个互补角的角平分线互相垂直",将假设与结论分开,叙述定理的逆命题.逆命题是真的吗?

51.给出命题的反证例子:"如果两个具有公共顶点的角的角平分线垂直,那么这两个角是互补角",其逆命题是真的吗?

第4节　　多边形和三角形

§31　折线

如果第一条线段的终点是第二条线段的起点,第二条线段的终点是第三条线段的起点,依次类推,则称不在同一条直线上的直线段为折线(图31,32).这些直线段称为折线的边,且相邻两条直线段形成的角的顶点是折线的顶点.折线由一行字母表示,这些字母分别是折线的顶点和端点;例如,折线 ABCDE.

将折线的一边向两个方向无限延伸,若折线的所有边都在直线的同一侧,则称折线是凸折线. 例如, 图 31 所示的折线是凸的, 而图 32 所示的折线不是凸的(折线的边不在直线 BC 的同一侧).

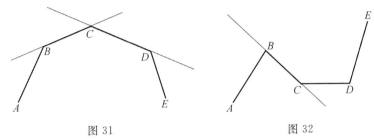

图 31   图 32

端点重合的折线称为闭折线(例如, 在图 33 中的折线 $ABCDE$ 和 $ADCBE$). 闭折线可能是自相交的. 例如, 在图 33 中, $ADCBE$ 是自相交的, 而 $ABCDE$ 不是自相交的.

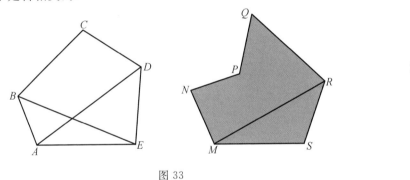

图 33

§32 多边形

由非自相交的闭折线与以折线为界的平面部分组成的图形称为多边形(图 33). 折线的边和顶点分别称为多边形的边和顶点, 每两条相邻边所成角为多边形的内角. 更准确地说, 多边形角的内部是顶点及边所包含的多边形的内部. 例如, 多边形 $MNPQRS$ 顶点 P 处的角大于 $2d$(内部区域是图 33 中的阴影部分). 折线称为多边形的边, 等于各边长度和的线段 —— 周长. 通常称周长的一半为半周长.

如果多边形以一条凸折线为边, 则称该多边形为凸多边形. 例如, 图 33 所示的多边形 $ABCDE$ 是凸的, 而多边形 $MNPQRS$ 不是凸的. 在后面的问题中主要考虑凸多边形.

连接多边形不在同一边上的任意两个顶点的线段(如图 33 中的 AD , BE , MR , $\cdots$),称为多边形的对角线.

多边形的最小边数是 3. 多边形是根据边数来命名的:三角形、四边形、五边形、六边形,等等.

"三角形"通常用符号 $\triangle$ 表示.

§33　三角形分类

三角形按边的长度和角的大小分类.若按边长分类,当三条边长不等时,三角形是不等边三角形(图 34).有两条边长相等时,三角形是等腰三角形(图 35).有三条边长相等时,三角形是等边三角形(图 36).

图 34　　　　　　图 35　　　　　　图 36

若按角的大小分类,当三个角都是锐角时,三角形是锐角三角形(图 34),有一个角是直角时,三角形是直角三角形(图 37),有一个角是钝角时,三角形是钝角三角形[①](图 38).

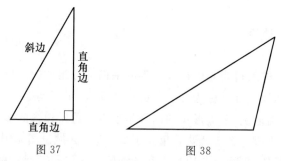

斜边　直角边　直角边

图 37　　　　　　图 38

在直角三角形中,夹着直角的两条边叫作直角边,直角的对边叫作斜边.

① 由 §43 可知一个三角形至多有一个直角或钝角.

§34 三角形中的重要直线

将三角形的一条边叫作底边,此时该边所对顶点称为三角形的顶点,其他两条边叫作侧边.从顶点到底边或底边延长线的垂线称为高.因此,在三角形 ABC(图 39)中,若以边 AC 为底边,则 B 为顶点,BD 为高.

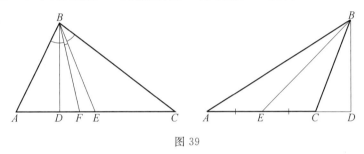

图 39

连接三角形顶点和底边中点的线段(BE) 叫作中线(图 39).将顶角等分的线段(BF) 叫作三角形的角平分线(它通常与中线和高线都不同).

因为三角形的每条边都可以作底,所以任意三角形都有三条高线、三条中线和三条角平分线.

在等腰三角形中,通常将两条相等的边以外的边称为底边.等腰三角形的顶点是指等腰三角形两条等边所成角的顶点.

练   习

52. 平面内的四个点是三个不同四边形的顶点.这成立吗?

53. 凸折线能自交吗?

54. 若多边形的内角都是 $140°$,能否将这样的多边形不重叠地平铺整个平面?

55. 证明四边形的两条对角线要么完全在四边形内部,要么完全在四边形外部.并举例证明该结论在五边形中不成立.

56. 证明闭凸折线是多边形的边.

57. 若一个三角形是等边三角形,那么它是等腰三角形吗? 若一个三角形是等腰三角形,那么它是不等边三角形吗?

58*. 三条直线可以有多少个交点?

59. 证明在直角三角形中,三条高线交于一点.

60. 证明在任意三角形中,每两条中线都相交.每两条角平分线相交吗? 高线呢?

61. 找到一个三角形,使得三角形只有一条高线在其内部.

第5节　等腰三角形和对称性

§35　定理

(1) 在等腰三角形中,顶角平分线也是中线和高线.

(2) 在等腰三角形中,底角相等.

设 $\triangle ABC$(图 40)是等腰三角形,直线 BD 为 $\angle B$ 的角平分线.求证角平分线 BD 也是 $\triangle ABC$ 的中线和高线.

假设将图形沿直线 BD 对折,由于 $\angle ABD$ 与 $\angle CBD$ 重合,所以 $\angle 1 = \angle 2$,同理 AB 与 CB 重合,则这两条边相等,点 A 与点 C 重合,因此 $DA = DC$,$\angle 3 = \angle 4$,$\angle 5 = \angle 6$.

由 $DA = DC$ 可知 BD 为中线.由 $\angle 3 = \angle 4$ 知,$\angle 3$,$\angle 4$ 是直角,因此 BD 是三角形的高.最后,三角形的底角 $\angle 5 = \angle 6$.

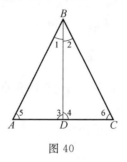

图 40

§36　推论

我们看到在等腰三角形 ABC 中(图 40)同一条线段 BD 有四个性质:它是从顶点出发的角平分线,底边中线,从顶点到底边的高线以及底边的垂直平分线.

由于每一个性质都能明确地确定直线 BD 的位置,所以已知 BD 满足其中任何一个性质都表明 BD 也满足其他性质.例如,当 BD 是等腰三角形底边的高时,BD 也是等腰三角形顶角平分线、底边中线和底边的垂直平分线.

§37 轴对称性

如果有两个点(A 和 A',图 41)在直线 a 的两侧,这两点的连线垂直于直线 a,且到垂足距离相等(即 AF 与 FA' 相等),那么称这两个点关于直线 a 对称.

如果一个图形中的每一个点($A,B,C,D,E,\cdots$,图 41)与另一个图形中的每一个对应点($A',B',C',D',E',\cdots$)关于一条直线对称,则称这两个图形(或一个图形的两部分)关于该直线对称,反之亦然.如果图形本身关于直线 a 对称,则称该图形有对称轴 a,即对于图形上的任意一点,其对称点也在该图形上.

例如,已知等腰三角形 ABC(图 42)被角平分线分为两个三角形(左和右),把两个三角形沿角平分线对折,则这两个三角形重合.由此可得出结论,无论在等腰三角形的左半侧取哪一点,我们总能在右半侧找到与之对称的点.例如,在边 AB 上取一点 M,在边 BC 截取线段 $BM' = BM$,则在三角形中得到关于对称轴 BD 对称的点 M 与 M'.事实上,由于 $BM = BM'$,所以 $\triangle MBM'$ 是等腰三角形.记线段 MM' 与角 B 的角平分线 BD 交于点 F,那么 BF 是等腰三角形 MBM' 的顶角平分线.由 §35 知 BF 也是高线和中线.所以 MM' 垂直于 BD,且 $MF = M'F$,即 M 和 M' 关于 BD 对称,到与 BD 的垂足 F 的距离相等.因此在等腰三角形中,顶角平分线是三角形的一条对称轴.

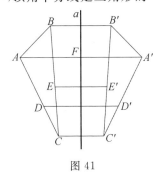

图 41

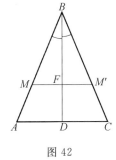

图 42

§38 注

(1)在空间中两个对称图形可以绕对称轴旋转,当其中一个图形旋转再次回到原来所在平面时,则与另一个图形重合.反之,如果两个图形绕在同一平面上的一条直线旋转而相互重合,那么这两个图形关于这条直线对称.

(2) 对称图形虽然可以重合,但它们在平面上的位置并不相同.可以这样理解:为了将两个对称图形重合,有必要将其中一个图形翻转,使其暂时离开图形所在平面;然而,如果要求一个图形一直在原平面上,一般来说,任何运动都不能把图形与关于直线对称的图形重合.例如,图 43 有两组对称字母:"b"和"d""p"和"q".通过旋转字母,可以将"b"转换为"d","b"转换为"p",但是,如果不把字母离开平面,就不可能用"d"或"p"转换成"b"或"q".

(3) 轴对称现象在自然界中很常见(图 44).

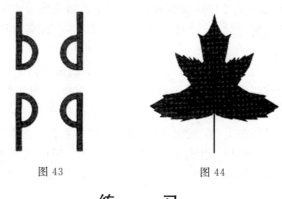

图 43   图 44

练　习

62.等边三角形有几条对称轴?仅有两边相等的等腰三角形呢?

63*.一个四边形有几条对称轴?

64.筝形是对角线对称的四边形.举例:(1) 筝形;(2) 不是筝形但有对称轴的四边形.

65.五边形的对称轴能过它的两个(一个,零个) 顶点吗?

66*.直线 MN 的同一侧有两个点 A 和 B.在 MN 上找一点 C,使得直线 MN 与折线 ACB 各边所成角相等.

证明定理:

67.在等腰三角形中,两条中线相等,两条角平分线相等,两条高线相等.

68.取等腰三角形两腰的中点,并分别过这两点作两腰的垂线,与对边相交,则两条垂线段相等.

69.一条垂直于角平分线的直线与角的两边相交,所截线段相等.

70.等边三角形是等角的(即所有内角相等).

71. 对顶角关于其补角平分线对称.

72. 若三角形有两条对称轴则必有三条对称轴.

73. 如果一个四边形有一条对称轴过其一个顶点,则这个四边形是筝形.

74. 筝形的对角线互相垂直.

第 6 节　　三角形全等的判定

§39　　序言

我们知道,如果两个几何图形可以通过对折使其相互重合,就称这两个图形全等. 当然,在两个全等三角形中,所有对应元素都相等,如边、角、高、中线、角平分线,都是相等的. 然而,确定两个三角形全等时,并不需要说明它们所有对应元素都相等. 只要验证其中一些元素相等即可.

§40　　定理①

(1)SAS－判定法:如果一个三角形中的两条边及其夹角分别与另一个三角形中的两条边及其夹角相等,那么这两个三角形全等.

(2)ASA－判定法:如果一个三角形的一条边及其上两个邻角与另一个三角形中的一条边及其上两个邻角相等,那么这两个三角形全等.

(3)SSS－判定法:如果一个三角形的三条边分别与另一个三角形的三条边相等,则这两个三角形全等.

(1) 设 ABC 和 $A'B'C'$ 为两个三角形(图 45),满足

$$AC = A'C', AB = A'B', \angle A = \angle A'$$

证明 $\triangle ABC$ 与 $\triangle A'B'C'$ 全等.

将 $\triangle ABC$ 叠加到 $\triangle A'B'C'$ 上,使得 A 与 A' 重合,AC 与 $A'C'$ 重合,叠加后 AB 与 $A'B'$ 相对于 $A'C'$ 在同一个位置. 那么,由于 AC 与 $A'C'$ 相等,点 C 将与点 C' 重合;由于 $\angle A$ 和 $\angle A'$ 相等,边 AB 与 $A'B'$ 重合,所以这两条边相等,点 B 与点 B' 重合. 因此,边 BC 将与 $B'C'$ 重合(因为两点确定一条直线),

---

① "SAS" 代表"边－角－边","ASA" 代表"角－边－角",同理"SSS" 代表"边－边－边".

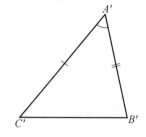

图 45

因此这两个三角形互相重合.即 $\triangle ABC$ 与 $\triangle A'B'C'$ 全等.

(2) 设 ABC 和 $A'B'C'$ 为两个三角形(图 46),满足

$$\angle C = \angle C', \angle B = \angle B', CB = C'B'$$

证明 $\triangle ABC$ 与 $\triangle A'B'C'$ 全等.

将 $\triangle ABC$ 叠加到 $\triangle A'B'C'$ 上,使得 C 与 C' 重合,CB 与 $C'B'$ 重合,叠加后 A 与 A' 相对于 $C'B'$ 在同一个位置.那么,由于 CB 与 $C'B'$ 相等,则点 B 将与点 B' 重合;由于 $\angle B = \angle B'$,$\angle C = \angle C'$,则边 BA 与边 $B'A'$,边 CA 与边 $C'A'$ 将重合,所以这两条边相交于同一点,所以顶点 A 与 A' 重合.因此,边 BC 将与 $B'C'$ 重合,因此这两个三角形相互重合.所以 $\triangle ABC$ 与 $\triangle A'B'C'$ 全等.

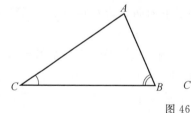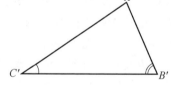

图 46

(3) 设 ABC 和 $A'B'C'$ 为两个三角形(图 46),满足

$$AB = A'B', BC = B'C', CA = C'A'$$

证明 $\triangle ABC$ 与 $\triangle A'B'C'$ 全等.

用叠加方法证明第三个判别法,就像我们证明前两个判别法一样,结果是不准确的,因为我们不知道各个内角的大小,若使两个角的一条边重合,我们无法得出两个角的另一条边也重合的结论.与其用叠加的方法,不如应用并列方法.

并列 $\triangle ABC$ 和 $\triangle A'B'C'$,使边 AC 和 $A'C'$ 重合(即 A 与 A',C 与 C' 重合),顶点 B 和 B' 将在边 $A'C'$ 的两侧.用 $\triangle A'B'C'$ 代替 $\triangle ABC$ (图 47).联结顶点 B' 和 B'',我们得到两个有公共底边 $B'B''$ 的等腰三角形 $B'A'B''$ 和 $B'C'B''$.由于

等腰三角形的两个底角相等($\S$35).因此 $\angle 1 = \angle 2, \angle 3 = \angle 4$,从而,$\angle A'B'C' = \angle A'B''C' = \angle B$.这样一个三角形的两条边及其夹角分别与另一个三角形的两条边及其夹角相等,所以给定的两个三角形全等.

注:在全等三角形中,等角对等边,反之,等边对等角.

上面证明了全等判别法,利用上述判别法判定全等三角形的技巧有助于解决许多几何问题,是许多定理证明的必要条件.这些全等三角形的判别法是发现复杂几何图形性质的主要手段.读者将会有很多机会看到这一点.

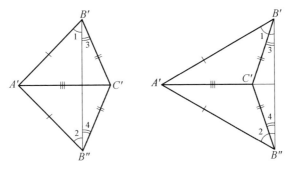

图 47

练　　习

75. 证明有两个角相等的三角形是等腰三角形.

76. 在给定的三角形中,高线是角平分线.证明该三角形是等腰三角形.

77. 在给定的三角形中,高线是中线.证明该三角形是等腰三角形.

78. 在等边三角形 ABC 的三边上,分别截取线段 $AB' = BC' = AC'$,联结点 A', B' 和 C'.证明 $\triangle A'B'C'$ 也是等边三角形.

79. 假设一个三角形的一个角的两边及其角平分线分别等于另一个三角形的一个角的两边及其角平分线.证明这两个三角形全等.

80. 证明如果一个三角形的两条边和第一条边上的中线分别等于另一个三角形的两条边和第一条边上的中线,则这两个三角形全等.

81. 举出两个非全等三角形的例子,使得一个三角形的两条边和一个内角分别等于另一个三角形的两条边和一个内角.

82*. 在角 A 的一条边上,标记线段 AB 和 AC,在另一条边上作线段.证明线段 $BC', B'C$ 的交点在角 A 的平分线上.

83. 由上一题的结论,提供了一种利用直尺和圆规构造角平分线的方法.

84. 证明在凸五边形中:(1) 如果所有边相等,且所有对角线相等,那么所有内角也相等;(2) 如果所有边相等, 且所有内角相等, 那么所有对角线也相等.

85. 在凸多边形中, 如果所有对角线都相等, 所有的内角都相等, 那么所有的边也相等, 这是正确的吗?

第7节 三角形不等式

§41 外角

三角形(多边形) 一个角的补角称为这个三角形(多边形) 的外角.

例如(图48), $\angle BCD$, $\angle CBE$, $\angle BAF$ 是 $\triangle ABC$ 的外角. 参照于外角, 有时称三角形(多边形) 的角为内角.

对于三角形(或多边形) 的每一个内角, 都可以作其两个外角(通过延长一个角的两边). 这两个外角是相等的, 因为它们是对顶角.

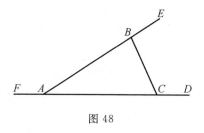

图 48

§42 定理

三角形的外角大于与其不相邻的两个内角.

如图49, 证明 $\triangle ABC$ 的外角 $\angle BCD$ 大于与其不相邻的两个内角 A 和 B.

过边 BC 的中点 E 作中线 AE, 并延长中线 AE 使得 EF 等于 AE. 显然点 F 在 $\angle BCD$ 的内部. 联结 FC, $\triangle ABE$ 和 $\triangle EFC$ (图49中阴影部分) 全等, 因为在顶点 E 处, $\angle AEB = \angle FEC$, $BE = EC$, $AE = EF$. 根据三角形全等可知 AE 和 EF 的对角 $\angle B$ 和 $\angle ECF$ 也相等. 但 $\angle ECF$ 是外角 $\angle BCD$ 的子角, 所以 $\angle ECF$ 小于 $\angle BCD$. 因此 $\angle B$ 小于 $\angle BCD$.

过点 C 延长边 BC, 得到外角 $\angle ACH$ 等于 $\angle BCD$. 若从顶点 B 作边 AC 的

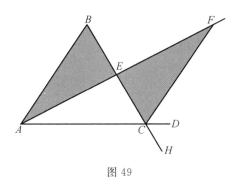

图 49

中线,并过边 AC 的中点延长中线至其2倍长度,则我们可类似地证明 $\angle A$ 小于 $\angle ACH$,即小于 $\angle BCD$.

§43 推论

如果三角形的一个内角是直角或钝角,那么另两个内角是锐角.

事实上,假设在 $\triangle ABC$ 中 $\angle C$(图50或51)是直角或钝角,则 $\angle C$ 的外角 $\angle BCD$ 是直角或锐角.因此由定理知 $\angle A$ 和 $\angle B$ 小于三角形的外角,所以 $\angle A$ 和 $\angle B$ 必然是锐角.

31

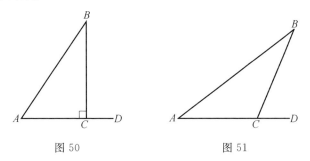

图 50 图 51

§44 三角形中边和角的关系

定理 在任意三角形中:

(1) 等边对等角;

(2) 大边对大角.

(1) 如果三角形的两条边相等,则该三角形是等腰三角形,因此,这两条边的对角为等腰三角形的底角,相等(§35).

（2）在 △ABC 中边 AB 大于 BC. 证明 ∠C 大于 ∠A.

在较长的边 BA 上，截取线段 BD 等于 BC，联结 DC，得到等腰 △DBC，则 △DBC 的两个底角相等，即 ∠BDC = ∠BCD. 但 ∠BDC 是 △ADC 的外角，大于 ∠A，因此 ∠BCD 也大于 ∠A. 所以 ∠BCA 的内角 ∠BCD 也大于 ∠A.

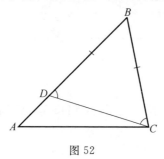

图 52

§45 逆定理

在任意三角形中：

（1）等角对等边；

（2）大角对大边.

（1）在 △ABC 中，∠A = ∠C（图 53）；证明 AB = BC.

证明：（反证法）假设边 AB 和 BC 不相等，则必有一条边大于另一条边，因此根据原定理，∠A 和 ∠C 必有一个较大的角. 但这与假设 ∠A = ∠C 矛盾. 所以假设 AB 和 BC 不相等不成立. 所以 AB = BC.

（2）在 △ABC 中（图 54），∠C > ∠A. 证明 AB > BC.

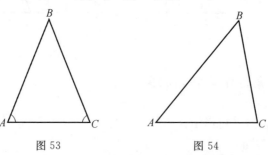

图 53   图 54

证明：（反证法）即假设 AB 不大于 BC，则有两种情况：要么 AB = BC，要么 AB < BC.

根据原定理，在第一种情况下，∠C = ∠A，而在第二种情况下，∠C < ∠A，

两者的结论都与假设相矛盾,因此这两种情况都被排除在外.因此,唯一剩下的可能性是 $AB > BC$.

推论　(1)等边三角形的所有角相等.

(2)等边三角形的所有边相等.

§46　反证法

我们用来证明逆定理的方法称为反证法或归谬法.在论点的开头,提出了与所求证明的假设相反的假设.接着,在这个假设的基础上进行推理,得出一个矛盾(荒谬).这个结果迫使人们拒绝最初的假设,从而接受求证的假设.这种推理方式常用于数学证明.

§47　关于逆定理的一点注记

当证明原定理为真时,自然而然地假定逆定理也是真的,这是错误的,对于初学几何的学生来说这个问题并不少见.这种情况常给人一种错误认知,即证明逆定理根本是不必要的.§30叙述的例题表明,这一结论是错误的.因此,当逆定理为真时,需要单独进行证明.

但是,在 $\triangle ABC$ 的两条边相等或不相等的情况下,例如,边 AB 和 BC,只有下列三种情况

$$AB = BC, AB > BC, AB < BC$$

这三种情况中的每一种情况都不包括另外两种:比如说,如果第一种情况 $AB = BC$ 发生,那么第二种或第三种情况就不可能发生.在§44定理中,我们考虑了这三种情况,并分别得出了关于 $\angle C$ 和 $\angle A$ 的下列结论

$$\angle C = \angle A, \angle C > \angle A, \angle C < \angle A$$

这三种情况中的每一种都不包括另外两种情况.已知§45中的逆定理是真的,可用归谬法简单证明.

一般说来,如果在一个定理或几个定理中,我们解决了所有可能的互斥情况(这些情况可能发生在某一数量的大小或某一图形的某些部分),那么在这些情况下,我们得出了互斥的结论(关于一些图形或部分图形),则我们可以说,逆命题也是真的.

我们经常会遇到上述可逆性法则.

§48 定理

在一个三角形中,两边之和大于第三边.

如果我们取一条不是三角形最长边的边,那么它当然会小于另外两条边的和.因此,我们需要证明,即使是三角形的最长边也小于其他两边之和.

如图 55,在 $\triangle ABC$ 中,设最长边是 AC.过点 B 延长边 AB 使得 $BD = BC$,联结 DC.因为 $\triangle BDC$ 是等腰三角形,所以 $\angle D = \angle DCB$.因此 $\angle D$ 小于 $\angle DCA$,从而在 $\triangle ADC$ 中边 AC 小于 AD(§45),即,$AC < AB + BD$.用 BC 替换 BD 得到

$$AC < AB + BC$$

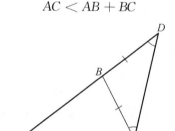

图 55

推论   从不等式两边中减去 AB 或 BC,得到
$$AC - AB < BC,\ AC - BC < AB$$

从右向左观察这些不等式,我们发现边 BC 和 AB 都大于另外两边的差.显然,对于最长边 AC 也如此,因此在一个三角形中,每条边都大于另两边之差.

注   (1)定理中叙述的不等式称为三角形不等式.

(2)当点 B 在线段 AC 上时,三角形不等式变为 $AC = AB + BC$.更一般的,如果这三个点在同一条直线上(因此无法构成一个三角形),则联结这三个点的三条线段中,最长线段是另两条线段的和.因此,对于任意三个点,联结任意两点的线段小于或等于另两条线段的和.

§49 定理

联结任意两点的线段小于联结这两点的任何折线.

如果问题中的折线只有两条边,则由 §48 的定理结论得证.下面考虑由三

条及三条以上的线段组成的折线情况. 设 AE(图 56) 是联结点 A,E 的线段, 设 $ABCDE$ 是联结点 A—E 的折线. 求证 AE 小于折线和 $AB+BC+CD+DE$.

联结点 A,C 和 D, 应用三角形不等式得到

$$AE \leqslant AD+DE, AD \leqslant AC+CD, AC \leqslant AB+BC$$

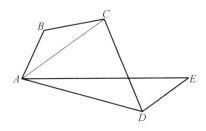

图 56

此外, 这些不等式保持不等性质. 事实上, 若不等式变成等式, 那么(图 57)点 D 将在线段 AE 上, 点 C 在线段 AD 上, 点 B 在线段 AB 上, 即 $ABCDE$ 将不是一条折线, 而是直线段 AE. 因此, 将上述不等式相加, 并从求和后的不等式两边减去 AD, AC, 得到不等式

$$AE < AB+BC+CD+DE$$

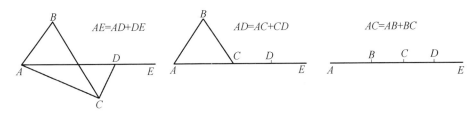

图 57

§50 定理

如果一个三角形的两条边分别等于另一个三角形的两条边, 那么:

(1) 最大角对最长边;

(2) 反之亦然, 最长边对最大角.

(1) 在 $\triangle ABC$ 和 $\triangle A'B'C'$ 中, 已知

$$AB = A'B', AC = A'C', \angle A > \angle A'$$

求证 $BC > B'C'$.

如图 58, 将 $\triangle A'B'C'$ 叠加在 $\triangle ABC$ 上, 使得边 $A'C'$ 与边 AC 重合. 因为

$\angle A' < \angle A$,则边 $A'B'$ 在 $\angle A$ 的内部.令 $\triangle A'B'C'$ 占据 $AB''C$ 的位置(顶点 B 可能在 $\triangle ABC$ 的外部或内部,或在 BC 边上,即将提出的结论适用于所有这些情况).作 $\angle BAB''$ 的角平分线 AD 并连接 D,B''. 在此基础上,我们得到了两个三角形 $\triangle ABD$ 和 $\triangle DAB''$,因为 $\triangle ABD$ 和 $\triangle DAB''$ 有一条公共边 AD,由假设知 $AB = AB''$,由作图知 $\angle BAD = \angle BAD''$,根据三角形全等可知 $BD = DB''$. 在 $\triangle DCB''$ 中 $B''C < B''D + DC$($\S 48$).用 BD 替换 $B''D$ 可得 $B''C < BD + DC$,因此 $B'C' < BC$.

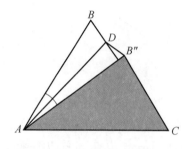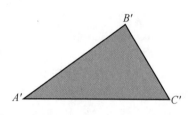

图 58

(2) 假设在 $\triangle ABC$ 和 $\triangle A'B'C'$ 中,已知

$$AB = A'B', AC = A'C', BC = B'C'$$

求证 $\angle A > \angle A'$.

反证法,假设 $\angle A$ 不大于 $\angle A'$,则有两种情况:要么 $\angle A = \angle A'$,要么 $\angle A < \angle A'$. 在第一种情况下,由 SAS 判别法知,$\triangle ABC$ 和 $\triangle A'B'C'$ 全等,因此边 BC 等于 $B'C'$,这与假设矛盾.同理第二种情况下边 BC 小于 $B'C'$,也与假设矛盾.因此这两种情况都不成立,只有一种情况成立,即 $\angle A > \angle A'$.

练 习

86.一个等腰三角形的外角能否小于与其相邻的内角? 考虑下列两种情况:(1) 底角;(2) 顶角.

87.三角形三条边的长度能否为:(1)1 cm,2 cm,3 cm;(2)2 cm,3 cm,4 cm.

88.四边形四条边的长度能否为:2 cm,3 cm,4 cm,10 cm.

证明定理:

89.三角形的任一条边的长度都小于它的半周长.

90.三角形的中位线长度小于它的半周长.

91*.三角形任一条边上的中线长度都小于另两边和的一半.

92. 三角形的中线和小于三角形的周长而大于三角形的半周长.

93. 四边形对角线之和小于三角形的周长而大于三角形的半周长.

94. 连接三角形的一个内点与其顶点的线段之和小于三角形的半周长.

95*. 已知一个锐角 $\angle XOY$ 和一个内点 A, 在边 OX 上找到一点 B, 在边 OY 上找到一点 C, 使 $\triangle ABC$ 的周长最小.

提示: 找到点 A 关于角的两边的对称点.

第 8 节　　直角三角形

§51　　垂线和斜线的长度比较

定理　　从直线外一点到直线的垂线段比从同一点到直线的所有斜线段都短.

设 AB (图 59) 是从点 A 到直线 MN 的垂线, AC 是从点 A 到直线 MN 的任意斜线, 求证 $AB < AC$.

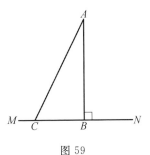

图 59

在 $\triangle ABC$ 中 $\angle B$ 是直角, $\angle C$ 是锐角 ($\S 43$). 因此 $\angle C < \angle B$, 所以 $AB < AC$.

注　　所谓"点到直线的距离", 是指从该点到直线所作垂线, 测得垂线段的长度.

§52　　定理

从直线外一点作直线的垂线和一些斜线, 则:

(1) 斜足到垂足距离相等的斜线长度相等.

(2) 若斜足到垂足距离不相等, 则离垂足远的斜足的斜线长.

（1）设 AC 和 AD 是点 A 到 MN 的两条斜线（图 60），斜足为点 C 和点 D，C 和 D 到垂线 AB 的垂足 B 的距离相等，即 $CB = DB$. 求证 $AC = AD$.

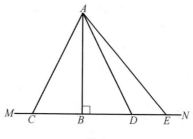

图 60

在 $\triangle ABC$ 和 $\triangle ABD$ 中，AB 是公共边，此外 $BC = BD$（由假设）和 $\angle ABC = \angle ABD$（因为直角三角形）. 因此，这两个三角形是全等的，所以 $AC = AD$.

（2）设 AC 和 AE（图 60）是从点 A 到直线 MN 的两条斜线，斜足到垂足的距离不相等；例如，设 $BE > BC$. 求证 $AE > AC$.

在 MN 上作 $BC = BD$，连接 AD 由（1）可知，$AD = AC$. 下面比较 AE 和 AD. $\angle ADE$ 是 $\triangle ABD$ 的外角，所以 $\angle ADE > 90°$. 因此 $\angle ADE$ 是钝角，$\angle AED$ 是锐角（§43）. 由此可见，$\angle ADE > \angle AED$，因此 $AE > AD$，所以 $AE > AC$.

§53　逆定理

从直线外一点做直线的垂线和一些斜线，则：
（1）若两条斜线长度相等，则它们的斜足到垂足的距离相等.
（2）若两条斜线长度不相等，则长斜线的斜足到垂足的距离较长.
证明留给读者（用反证法）.

§54　直角三角形的全等判定

在直角三角形中，直角都相等，则直角三角形是全等的：
（1）若直角三角形的两条直角边分别等于另一个直角三角形的两条直角边；
（2）若直角三角形的一条直角边及边上的一个锐角分别等于另一个直角三角形的一条直角边及边上的一个锐角.

这两个判定法不需要特殊证明,因为它们是 SAS 和 ASA 的特殊情况.下面我们证明两个只适用于直角三角形的判定方法.

§55　两个判定法的特殊证明

定理　两个直角三角形是全等的:

(1) 若一个直角三角形的斜边和一个锐角分别等于另一个直角三角形的斜边和一个锐角.

(2) 若一个直角三角形的斜边和一条直角边分别等于另一个直角三角形的斜边和一条直角边.

(1) 如图 61,设 ABC 和 $A_1B_1C_1$ 是两个直角三角形,其中 $AB = A_1B_1$,$\angle A = \angle A_1$.求证这两个三角形全等.

将 $\triangle ABC$ 叠加在 $\triangle A_1B_1C_1$ 上,使得其斜边重合.因为 $\angle A = \angle A_1$,所以直角边 AC 与 A_1C_1 在一条直线上.若假设点 C 在 C_2 处或在 C_3 处而不在 C_1 处,则从点 B_1 到线 A_1C_1 有两条垂线(B_1C_1 和 B_1C_2 或 B_1C_1 和 B_1C_3).这是不可能的(§24),从而点 C 与点 C_1 重合.

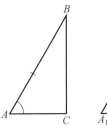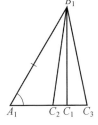

图 61

(2) 如图 62,在直角三角形中,已知 $AB = A_1B_1$,$BC = B_1C_1$.求证这两个三角形全等.将 $\triangle ABC$ 叠加在 $\triangle A_1B_1C_1$ 上,使其直角边 BC 和 B_1C_1 重合.由于直角都相等,则边 CA 与 C_1A_1 在一条直线上.若假设斜边 AB 的位置是 A_2B_1 或者 A_3B_1,与 A_1B_1 的位置不同,这样我们就会得到两条相等斜线(A_1B_1 和 A_2B_1,或者 A_1B_1 和 A_3B_1),它们的斜足到垂线 B_1C_1 的垂足距离不相等.这是不可能的(§53),由此得出结论,AB 等于 A_1B_1.

39

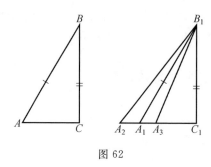

图 62

练　习

证明定理：

96.直角三角形的每条直角边都小于斜边.

97.直角三角形最多只能有一条对称轴.

98.给定点和直线至多可以作两条长度相等的斜线.

99*.若两个等腰三角形有公共顶点,且腰相等,则这两个三角形不能互相包含.

100.角的平分线是角的对称轴.

101.如果三角形的两条高线相等,则此三角形是等腰三角形.

102.三角形的中线与不在其上的两个顶点的距离相等.

103*.一条直线和一个圆至多有两个公共点.

第 9 节　　线段和角平分线

§56　　垂直平分线

即过线段中点的垂线,与角的平分线具有非常相似的性质.为了更好地了解其相似性,我们将以一种平行的方式来描述这些性质.

(1)① 如图 63,若点 K 在线段 AB 的垂直平分线上,则点 K 到线段 AB 端点的距离相等($KA = KB$).

因为 $MN \perp AB$,$AO = OB$,AK 和 KB 是 AB 的斜线,斜足到垂足的距离相等.因此 $KA = KB$.

② 逆定理:如图 63,若点 K 到线段 AB 端点的距离相等(即 $KA = KB$),则

点 K 在 AB 的垂直平分线上.

过点 K 做 $MN \perp AB$,得到两个直角三角形 $\triangle KAO$ 和 $\triangle KBO$,其中 $KO = KO$,$KA = KB$.因此 $\triangle KAO$ 与 $\triangle KBO$ 全等.因此过点 K 的直线 MN 垂直平分 AB.

(2)① 如图 64,若点 K 在 $\angle AOB$ 的角平分线 OM 上,则点 K 到 AO 和 BO 的距离相等(即垂线 $KC = KD$).

因为 OM 平分 $\angle AOB$,直角三角形 $\triangle OCK$ 和 $\triangle ODK$ 是全等的,又两个三角形有公共斜边,且 $\angle COK = \angle DOK$.因此,$KC = KD$.

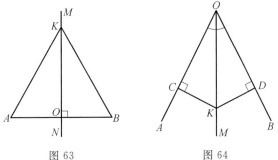

图 63　　　　　　　　图 64

② 逆定理:如图 64,若角一内点 K 到角的距离相等(即若垂线 $KC = KD$),则该点在该角的平分线上.

过点 O 和 K,作直线 OM.由于 $KO = KO$,$CK = DK$,则 $\triangle OCK$ 与 $\triangle ODK$ 全等,从而 $\angle COK = \angle DOK$.即过点 K 的直线 OM 是 $\angle AOB$ 的平分线.

§57　推论

根据上面两个已证明的定理(原定理和逆定理),我们还可以推导出下列定理:

(1) 如果一个点不在一条线段的中垂线上,那么该点到线段端点的距离不相等.

(2) 如果角的一个内点不在角平分线上,那么该点到角的两边的距离不相等.

我们把这些定理的证明留给读者(使用反证法).

§58　几何轨迹

满足某个确切条件的点的几何轨迹是曲线(或空间中的曲面),或者更一般地说,是满足某个条件的所有的点的集合,它包含满足该条件的所有的点,不包含不满足该条件的点.

例如,到定点 C 的距离为 r 的点的几何轨迹是以 C 为圆心,以 r 为半径的圆.符合 §56, §57 的定理:

与两个定点等距的点的几何轨迹是连接这两个定点的线段的垂线,该垂线过线段的中点.

与角的两边等距的点的几何轨迹是这个角的平分线.

§59　否定理

如果一个定理的假设和结论是另一个定理的假设和结论的否定,则将前一个定理称为后一个定理的否定理.例如,定理"如果几个数字之和能被 9 整除,那么这几个数字都能被 9 整除"的否定理是:"如果几个数字之和不能被 9 整除,那么这几个数字都不能被 9 整除".

值得一提的是,原定理为真并不能保证否定理也是真的.例如,否命题"如果每个被加数不都能被某个数整除,那么被加数的和也不能被这个数整除"是假的,而原命题是真的.

§57 中叙述的定理(线段和角)是 §56 中描述的原定理的否命题.

§60　定理之间的关系:原、逆、否、逆否

为了更好地理解这一关系,我们用字母 A 表示假设,用字母 B 表示结论,并将命题简单地表示为:

(1) 原命题:如果 A 是真的,则 B 是真的.

(2) 逆命题:如果 B 是真的,则 A 是真的.

(3) 否命题:如果 A 是假的,则 B 是假的.

(4) 逆否命题:如果 B 是假的,则 A 是真的.

考虑这些命题,不难发现第一个命题与第四个命题的关系和第二个命题与第三个命题的关系是相同的.即命题(1)和(4)可以互相转化,命题(2)和(3)亦

同. 实际上, 有命题: "如果 A 是真的, 那么 B 是真的", 则随之有命题"如果 B 是假的, 则 A 是假的"(因为如果 A 是真的, 那么第一个命题 B 亦是真的); 反之亦然, 从命题"如果 B 是假的, 那么 A 就是假的"中可以推出: "如果 A 是真的, 那么 B 就是真的"(因为如果 B 是假的, 那么 A 也会是假的). 同样的, 我们可以验证第二个命题的真假与第三个命题一致, 反之亦然.

因此, 为了确保这四个定理都是真的, 不需要分别证明它们, 只要证明其中的两个就足够了: 原命题与逆命题, 或否命题与逆否命题.

练 习

104. 证明原定理: 不在线段的垂直平分线上的点与线段端点的距离不相等; 也就是说它更接近平分线同一侧的端点.

105. 证明原定理: 不在角平分线上的任一内点到这个角的两边的距离都不相等.

106. 证明到角的两边距离相等的垂线的交点在角平分线上.

107. 证明如果 A 和 A' 以及 B 和 B' 是关于直线 XY 对称的两对点, 那么这四个点 A, A', B', B 在同一圆上.

108. 求给定底边的等腰三角形顶点的几何轨迹.

109. 已知 $\triangle ABC$ 的底边 BC, $\angle B > \angle C$, 求 $\triangle ABC$ 顶点 A 的几何轨迹.

110. 求与两条相交直线距离相等的点的几何轨迹.

111*. 求与三条给定且两两相交的直线距离相等的点的几何轨迹.

112. 由 §60 定理之间的关系: 原、逆、否、逆否, 比较在下列四种情况下四个定理都是真的: (1) 当 A 是真的, B 是真的; (2) 当 A 是真的, 但 B 是假的; (3) 当 A 是假的, 但 B 是真的; (4) 当 A 是假的, B 是假的.

113. 由命题的否定定义可知, 当命题为假时命题的否定为真; 当命题为真时, 命题的否定为假. 叙述命题的否定: "3 的倍数之和都能被 9 整除"这个命题是真的吗? 它的否定是真的吗?

114. (1) 在任意一个四边形中, 两条对角线都在四边形的内部;

(2) 任意一个四边形内部都有一条对角线;

(3) 存在一个四边形, 它的两条对角线都在内部;

(4) 存在一个四边形, 它的外部有一条对角线.

以上哪个命题是真命题?

43

第 10 节　　基本作图问题

§61　序言

之前证明过的定理为作图问题提供了理论依据.注意,初等几何只考虑可以尺规作图的作图问题.

§62　问题 1:用给定的三条边 a,b,c 构造一个三角形(图 65)①

在任意一条直线 MN 上截取线段 CB,使其等于给定边的长度,如 a.再分别以点 C,B 为圆心,b,c 为半径画两条弧交于点 A,即得到 $\triangle ABC$.

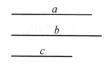
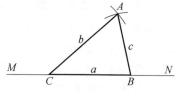

图 65

注:三条线段若能构造成三角形,必须满足最长的一条线段小于另两条线段之和.

§63　问题 2:以给定直线 MN 为角的一边,直线上一点 O 作为顶点,构造一个角等于 $\angle ABC$(图 66)

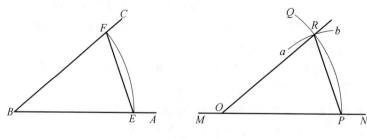

图 66

---

①　原则上,我们不用三角板画三角形,但是它在实际作图中会帮助我们节省时间.

44

以顶点 B 为圆心、任意长为半径作弧,与给定角的两边相交得到弧 EF,接着保持圆规半径不变,将其中一只脚放到点 O 的位置画出弧 PQ. 此外,以点 P 为圆心,EF 长为半径画弧 ab. 最后连接 O,R(两弧交点). 因为 $\triangle ROP$ 和 $\triangle FBE$ 对应边均相等,所以两三角形全等,因此,$\angle ROP$ 等于 $\angle ABC$.

§64　问题 3:平分给定角(图 67),或者作给定角的平分线,或者作给定角的对称轴

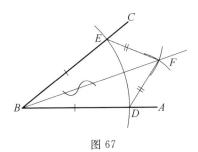

图 67

在角的两边之间画一个以顶点 B 为圆心,任意半径的弧线 DE. 接着,将圆规设置为任意半径,且大于 D 和 E 之间距离的一半(参考问题 1 的注释),作两条以 D 和 E 为圆心的弧线,使它们交于点 F,作直线 BF,得到 $\angle ABC$ 的平分线.

证明　连接 F,D 和 F,E,得到全等三角形 $\triangle BEF$ 和 $\triangle BDF$,因为 BF 是公共边,且通过作图有 $BD = BE$,$DF = EF$. 所以 $\triangle BEF$ 与 $\triangle BDF$ 全等. 由三角形全等可知:$\angle ABF = \angle CBF$.

§65　问题 4:过直线 AB 上一点 C 做直线 AB 的垂线(图 68)

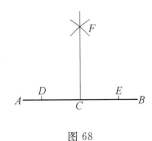

图 68

在直线 AB 上一点 C 的两侧,截取两条相等(任意长度)线段 CD 和 CE. 以

点 D 和 E 为圆心,以相同半径(大于 CD)作弧,使弧交于一点 F.过点 C 和 F 的直线即所求垂线.

事实上,显然根据作图可知,点 F 到点 D 和点 E 的距离相同,所以点 F 在线段 AB 的中垂线上($\S 56$).因为中点是 C,且只有一条直线过点 C 和 F,所以 $FC \perp DE$.

§66   问题 5:过直线 BC 外一点 A 做直线 BC 的垂线(图 69)

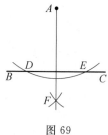

图 69

46

以 A 为圆心,任意半径(大于点 A 到 BC 的距离)画弧,交 BC 于点 D 和点 E.再以这两点为圆心,以相同半径(大于 $\frac{1}{2}DE$)做两条弧交于点 F.直线 AF 即为所求垂线.

事实上,显然从作图可知,点 A 和点 F 到点 D 和点 E 的距离都相等,所有满足这种条件的点都在线段 BC 的中垂线上($\S 58$).

§67   问题 6:过已知线段 AB 的中点做直线 AB 的垂线; 换句话说,构造线段 AB 的对称轴

以 A 和 B 为圆心,以相同半径画弧,使得这两条弧交于两点 C 和 D.直线 CD 即所求垂线.

事实上,显然根据作图可知,点 C 和点 D 与点 A,点 B 都等距,所以这两个点必在线段 AB 的对称轴上.

问题 7:平分已知线段(图 70)与上一个问题解法相同.

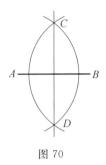

图 70

§68　一个更复杂问题的例子

基本作图可解决更复杂的作图问题.例如,思考下列问题.

问题:已知三角形底边边长为 b,底边上的一个角为 α,且另两条边的长度和为 s.构造这个三角形.

为了解决这个问题,可假设这个问题已被解决,即已找到 $\triangle ABC$ 满足底边 $AC = b$, $\angle A = \alpha$, $AB + BC = s$. 检验得到的图形.我们知道如何构造等于 b 的底边 AC 和等于 α 的 $\angle A$. 因此只要在 $\angle A$ 的另一条边上找到点 B 满足 $AB + BC = s$.

过点 B 作 AB 的延长线,截取线段 AD 等于 s. 现在问题简化为只要在 AD 上找到点 B,使得 $BC = BD$. 我们知道(§58),满足条件的点必在 CD 的中垂线上.所以该点即为垂线与 AD 的交点.

因此,问题的解法如下:构造(图71)$\angle A = \alpha$. 在 $\angle A$ 的两条边上,分别截取 $AC = b$, $AD = s$,连接 D, C. 过 CD 的中点,作垂线 BE. 连接垂线与 AD 的交点,即连接点 B 和点 C. $\triangle ABC$ 即为问题的解,因为 $AC = b$, $\angle A = \alpha$, $AB + BC = s$(因为 $BD = BC$).

检验作图,我们注意到这并不总是成立的.事实上,如果 s 比 b 小很多,那么垂线 EB 可能不会与线段 AD 相交(或与过点 A 或点 D 的 AD 延长线相交).在这种情况下是无法构图的.此外可看出,如果 $s < b$ 或 $s = b$,那么问题是无解的,与作图步骤无关,因为不存在两边之和小于等于第三边的三角形.

当存在一个解的时候,这个解是唯一的,即有且只有一个三角形[①],满足问

---

① 有无限多个三角形满足问题的要求,但这些三角形都全等,所以通常说这个问题的解是唯一的.

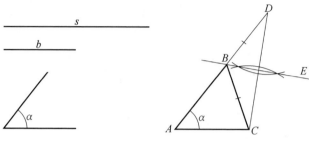

图 71

题要求,因为垂线 BE 与 AD 至多交于一点.

§69 注

上一个例子表明一个复杂的作图问题求解一般包含四个步骤.

(1) 假设问题已经求解,我们可以构造所求图形,并检验它,尝试找到已知条件和未知条件的关系,将问题化简,再解决问题.这是最重要的一步,旨在制定一个解决方案,将这步称为分析.

(2) 一旦制定了这个方案,就按照这个方案构图.

(3) 其次,为了验证该方案,在已学定理的基础上,证明构造的图形满足问题要求.将这步叫作综合.

(4) 最后我们反思:如果这个问题对任何已知条件都有一个解,如果这个解是唯一的,或者有几个解,那么当简化作图时,或需要额外的验证时,是否有特殊情况.将这步叫作研究.

当一个问题很简单,而且必然有解时,人们通常会省略分析和研究阶段,只提供作图和证明.这就是我们对本节前七个问题的解法所做的描述;也是我们以后在解决不太复杂的问题时要做的事情.

练 习

作图:

115.两个、三个或更多个角的和.

116.两个角的差.

117.作两个角,已知这两个角的和与差.

118.4,8,16 等分一个角.

119.作一条在给定角的外部的直线,使其过角的顶点,并与角的两边成等角.

120.作三角形:(1)已知三角形的两边及其夹角;(2)已知三角形的一边及其边上的两个角;(3)已知三角形的两边及其较大的对角;(4)已知两边及其较小的对角(在这种情况下,可能有两个解、一个解或无解).

121.作等腰三角形:(1)已知三角形的底边和一条侧边;(2)已知三角形的底边和底角;(3)已知底角及其对边.

122.作直角三角形:(1)已知三角形的两条直角边;(2)已知三角形的一条直角边和斜边;(3)已知三角形的一条直角边和一个锐角.

123.作等腰三角形:(1)已知底边上的高和腰;(2)已知底边上的高和顶角;(3)已知底边和腰上的高.

124.已知直角三角形的斜边和一个锐角,作直角三角形.

125.过角内一点作直线,截得角的两边的线段相等.

126.过角外一点作直线,截得角的两边的线段相等.

127.已知两条线段的和与差,作这两条线段.

128.4,8,16 等分一条线段.

129.在直线上找一点使其到两个点(直线外)的距离相等.

130.找到与给定三角形的三个顶点等距的点.

131.在与给定角的两边相交的定直线上,找到到角的两边等距的点.

132.找到到给定三角形的三边等距的点.

133.在一条无限直线 AB 上,找到一点 C,使得连接点 C 与在直线 AB 一侧的给定点 M,N 的射线 CM 和 CN 与直线 AB 成等角.

134.已知直角三角形的一条直角边和另一条直角边与斜边的和,作直角三角形.

135.已知三角形的底边,底边上的一个角以及另两条边的差,作三角形.(考虑两种情况:(1)给定角是较小的角;(2)给定角是较大的角.)

136.已知直角三角形的一条直角边和另两条边之差,作直角三角形.

137.已知角 A 和角的两边上的点 B,C,找到:(1)到角的两边等距的点 M,满足 $MB=MC$;(2)到角的两边等距的点 N,满足 $NB=BC$;(3)点 P,使得点 B 和点 C 到点 A 和点 P 的距离相同.

138.两个城镇坐落在一条直线铁路线附近.找到火车站的位置,使其到两个城镇的距离相等.

139.已知角 B 一边上的一点 A,在角的另一条边上找到一点 C,使得 $CA+CB$ 等于给定线段.

第11节 平行直线

§70 定义

在同一平面上的两条直线,无论直线向两个方向延伸多远,若两条直线都不相交,则称这两条直线为平行直线.

在书写时,用符号 ∥ 表示平行.因此,如果直线 AB 和直线 CD 平行,记作 $AB \parallel CD$.

下列定理确定了平行直线的存在性.

§71 定理:同一直线(MN)的两条垂线(AB 和 CD,图 72)无论延伸多远都不相交

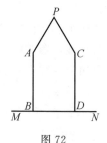

图 72

事实上,如果两条垂线在点 P 处相交,那么过点 P 可以作直线 MN 的两条垂线,由 §24 知这是不成立的.因此,垂直于同一直线的两条直线平行.

§72 两条直线与截线相交所成角的名字

设直线 AB 和直线 CD(图73)被第三条直线 MN 所截,则得到的8个角(用数字标记),成对地具有下列名字:

同位角:1 和 5,4 和 8,2 和 6,3 和 7.

内错角:3 和 5,4 和 6(内角);1 和 7,2 和 8(外角).

同旁内角:4 和 5,3 和 6(内角);1 和 8,2 和 7(外角).

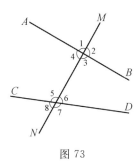

图 73

§73　平行直线判定

两条直线(AB 和 CD，图 74)被第三条直线(MN)所截，若：

(1) 同位角相等，或

(2) 内错角相等，或

(3) 同旁内角互补或同旁外角互补，

则两直线平行.

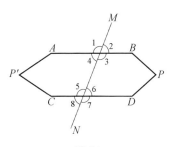

图 74

例如，假设同位角 2 和 6 相等．求证 $AB /\!/ CD$．反证法．假设 AB 和 CD 不平行，则这两条直线交于直线 MN 的右侧的一点 P 或直线 MN 左侧的一点 P'．如果交点是 P，则构成一个三角形，其中 $\angle 2$ 是外角，而 $\angle 6$ 是不与 $\angle 2$ 相邻的内角．因此，$\angle 2 > \angle 6$(§42)，这与假设矛盾，因此直线 AB 和 CD 不会在 MN 右侧的任意一点 P 处相交．如果假设交点是 P'，则构成的三角形中，$\angle 4 = \angle 2$ 是内角，而 $\angle 6$ 是与 $\angle 4$ 不相邻的外角．所以 $\angle 6 > \angle 4$，从而 $\angle 6 > \angle 2$，与假设矛盾．因此，直线 AB 和 CD 也不会在 MN 左侧的任意一点处相交．所以这两条直线在任一点处都不相交，即，两直线平行．同理可证若 $\angle 1 = \angle 5$ 或 $\angle 3 = \angle 7$，则 $AB /\!/ CD$．

假设 $\angle 4 + \angle 5 = 180°$,则可知 $\angle 4 = \angle 6$,因为 $\angle 6 + \angle 5 = 180°$. 若 $\angle 4 = \angle 6$,则直线 AB 和 CD 不会相交,因为如果这两条直线相交,$\angle 4$ 和 $\angle 6$(其中一个角是外角,一个角是与其不相邻的内角)不相等.

§74　问题

过定点 M(图 75) 作已知直线 AB 的平行直线.

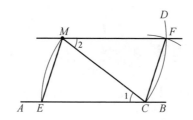

图 75

这个问题的一个简单解法如下. 以点 M 为圆心,任意半径画弧 CD. 接着,以点 C 为圆心,同一半径画弧 ME. 最后以点 C 为圆心,以 ME 为半径画一小段弧,使其交弧 CD 于点 F,则直线 MF 平行于 AB.

为了证明 $MF \parallel AB$,作辅助线 MC. 通过作图可知,$\angle 1 = \angle 2$(因为通过 SSS 判别法,$\triangle EMC$ 和 $\triangle MCF$ 全等),从而内错角相等,两直线平行.

对于平行直线的实际作图,使用三角板和直尺是非常方便的,如图 76 所示.

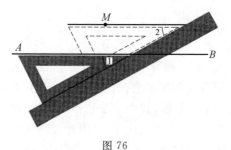

图 76

§75　平行公设. 过已知一点不能作两条直线平行于同一直线

如图 77,若 $CE \parallel AB$,则不存在其他过点 C 的直线 CE' 平行于 AB,即,当

延长 CE' 时将与 AB 相交.

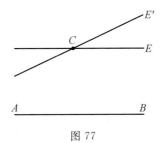

图 77

证明这一命题是不可能的,也就是说,它是先前公认的公理的结果.因此,有必要接受它作为一个新的假设(公设或公理).

§76　推论

(1) 如图 77,若 $CE \parallel AB$,第三条直线 CE' 与其中的一条平行直线相交,则直线 CE' 与另外一条平行直线也相交,否则,过点 C 有两条不同的直线 CE 及 CE' 同时平行于 AB,这是不成立的.

(2) 如图 78,若直线 $a \parallel c, b \parallel c$,则 $a \parallel b$.

事实上,若直线 a 与 b 相交于点 M,则过点 M 有两条不同直线与直线 c 平行,这是不可能的.

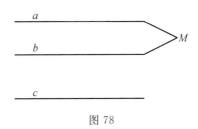

图 78

§77　两条平行直线与截线相交所成角

定理(§73 定理的逆定理)　如果两条平行直线(图 79 中 AB 和 CD)被任意一条直线(MN)所截,则:

(1) 同位角相等;

(2) 内错角相等;

（3）同旁内角互补；

（4）同旁外角互补.

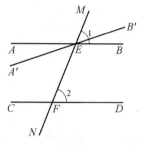

图 79

例　证明：如果 $AB \parallel CD$，那么同位角 $\angle 1$ 和 $\angle 2$ 相等.

反证法：假设 $\angle 1 \neq \angle 2$（不妨设 $\angle 1 > \angle 2$）. 构造 $\angle MEB' = \angle 2$，这样我们得到一条与 AB 不同的直线 $A'B'$，因此过点 E 有两条相交直线平行于直线 CD. 即，由定理假设知 $AB \parallel CD$，由同位角 $\angle MEB = \angle 2$，有 $A'B' \parallel CD$. 这与平行公设矛盾，则假设 $\angle 1 \neq \angle 2$ 是错误的；因此 $\angle 1 = \angle 2$.

定理的其他结论同理可证.

推论　垂直于其中一条平行直线的直线，也垂直于另一条平行直线.

事实上，如果 $AB \parallel CD$（图80），$ME \perp AB$，那么 ME 与 AB 相交，并与 CD 交于点 F，且同位角 $\angle 1 = \angle 2$. $\angle 1$ 为直角，因此 $\angle 2$ 也为直角，即 $ME \perp CD$.

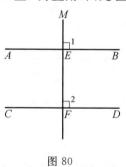

图 80

§78　非平行直线判别法

从定理（§73）及其逆定理（§75）可知，§73 定理的否定理也成立，即：

如果两条直线被第三条直线所截，若（1）同位角不相等，或（2）内错角不相

等,则两直线不平行;

反之,如果两条直线不平行且被第三条直线所截,则(1)同位角不相等,(2)内错角也不相等. 在所有这些非平行直线判别法中(很容易用归谬法证明),下面需要特别注意:

如果同旁内角(∠1 和 ∠2,图 81)不互补,那么两条直线一定相交,因为如果这两条直线不相交,那么它们将是平行的,则同旁内角一定互补,这与假设矛盾.

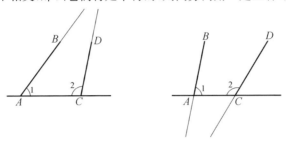

图 81

这一命题(补充说,两条线被第三条线所截,所得同旁内角之和小于 180°)被著名的希腊几何学家欧几里得(Euclid,生活在 3 世纪) 所接受,在他的《几何原本》中,将之称为欧几里得公设. 后来,人们更倾向于采用一种更简单的表述方式:§75 中所述的平行公设.

我们再指出两个关于非平行直线判别法,在后面将会用到:

(1)同一直线(EF)上的垂线(AB,图 82)和斜线(CD)彼此相交,因为同旁内角不互补.

(2)垂直于两条相交直线(FE 和 FG)的两条直线(AB 和 CD,图 83)也相交.

事实上,用反证法,假设 AB∥CD,那么垂直于其中一条平行直线(CD)的直线 FD 也垂直于另一条平行直线(AB),因此过点 F 有直线 AB 的两条垂线,这是不可能的.

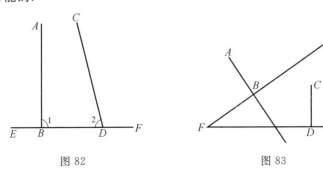

图 82   图 83

§79 平行角

定理　如果一个角的两边分别平行于另一个角的两边,那么这两个角要么相等,要么互补.

分别考虑下列三种情况(图 84).

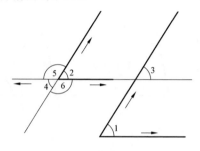

图 84

(1) 设 ∠1 的两条边分别平行于 ∠2 的两条边,且两组对应边同向,指向远离顶点方向(如图 84 中箭头所示).

延长 ∠2 的一条边直到它与 ∠1 的非对应边相交,则 ∠3 与 ∠1 和 ∠2 都相等(两直线平行,同位角相等),因此 ∠1 = ∠2.

(2) 设 ∠1 的两条边分别平行于 ∠2 的两条边,且两组对应边同时反向,即 ∠1 的两边指向远离顶点方向,∠2 的两边指向趋近顶点方向.

延长 ∠4 的两边,得到 ∠2,则 ∠2 = ∠1(由(1)可知),∠4 = ∠2,从而 ∠4 = ∠1.

(3) 最后,设 ∠1 的两条边分别平行于 ∠5 和 ∠6 的两条边,且其中一组对应边同向,一组对应边反向.

延长 ∠5 或 ∠6 的一条边,得到 ∠2,则 ∠2 = ∠1(由(1)可知). 又 ∠5(或∠6) + ∠2 = 180°(根据补角的性质得到),因此 ∠5(或 ∠6) + ∠1 = 180°.

因此,当两个平行角的两组对应边同时同向或同时反向时,平行角相等,而当这两个条件都不满足时,平行角互补.

注　当两个平行角都是锐角或都是钝角时,两个平行角相等. 然而,在某些情况下,很难确定平行角是锐角还是钝角,故有必要对角的两边方向进行比较.

56

§80 两个角的两边分别垂直

定理 如果一个角的两条边与另一个角的两条边互相垂直,那么这两个角相等或互补.

如图 85,记 $\angle ABC$ 为 $\angle 1$,另一个角是由两条相交直线构成的四个角,$\angle 2,\angle 3,\angle 4,\angle 5$ 中的一个,其中一条直线垂直于边 AB,另一条直线垂直于边 BC.

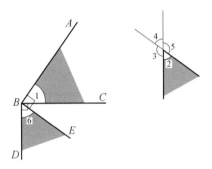

图 85

从 $\angle 1$ 的顶点出发,作两条辅助线使得 $BD \perp BC$ 和 $BE \perp BA$. 得到辅助角 $\angle 6 = \angle 1$,原因如下:$\angle DBC$ 和 $\angle EBA$ 都是直角,所以 $\angle DBC = \angle EBA$. 将这两个角减去 $\angle EBC$,得到 $\angle 1 = \angle 6$.辅助角 $\angle 6$ 的两条边与形成 $\angle 2,\angle 3,\angle 4,\angle 5$ 的两条相交直线分别平行(由 §71 知,垂直于同一直线的两条直线平行).因此,两条直线相交所成角要么等于 $\angle 6$,要么与 $\angle 6$ 互补,定理得证.

练 习

140.用尽可能少的直线将平面分为五个部分.

141.在给定角的内部作一个角与给定的角相等.

142.用量角器、直尺和三角板,测量顶点不在图表上的角.

143.一对平行直线有多少对称轴?三条平行直线有多少?

144.两条平行直线被第三条直线所截,由此形成的八个角中有一个角是 $72°$.求其余七个角的度数.

145.两条平行直线被第三条直线所截,截线与一条平行直线所成角为 $72°$.求该角平分线与另一条平行直线所成角的度数.

146.两条平行直线被第三条直线所截,截线与一条平行直线所成角比与另一条平行直线所成角大 90°, 求截线与第一条平行直线所成角的度数.

147. 两条直线被第三条直线所截, 形成的八个角中有四个角是 60°, 其余四个角是 120°. 这两条给定直线是否平行?

148. 过三角形底边的两个端点, 作侧边的垂线. 如果这两条垂线所成角为 120°, 计算三角形的顶角.

149. 过给定点, 作一条与给定直线成给定角的直线.

150. 证明如果三角形的外角平分线与对边平行, 则该三角形为等腰三角形.

151. 在三角形中, 过两个底角平分线的交点, 作一条与底边平行的直线. 证明在三角形内部的直线段等于三角形侧边被直线所截与底边相邻的线段之和.

152*. 平分一个顶点不在图形上的角.

第 12 节　　多边形内角和

58

§81　定理: 三角形内角和等于 180°

设 △ABC 是任意三角形, 证明 ∠A, ∠B, ∠C 的和为 180°.

如图 86, 过点 C 作 CE // AB, 则有 ∠ECD = ∠A (两直线平行, 同位角相等), ∠BCE = ∠B (两直线平行, 内错角相等). 因此

$$\angle A + \angle B + \angle C = \angle ECD + \angle BCE + \angle C = 180°$$

推论　(1) 三角形的外角等于与它不相邻的两个内角之和 (如 ∠BCD = ∠A + ∠B).

(2) 如果一个三角形的两个内角与另一个三角形的两个内角分别相等, 则第三个内角也相等.

(3) 直角三角形两个锐角之和等于 90°.

(4) 在等腰直角三角形中, 每一个锐角都等于 45°.

(5) 在等边三角形中, 每一个角都是 60°.

(6) 如果在直角 △ABC (图 87) 中, 一个锐角 (例如, ∠B) 为 30°, 则其对边等于斜边的一半. 事实上, 这个三角形的另一个锐角是 60°, 作 △ABD 全等于 △ABC, 得到 △DBC, 其每个内角都是 60°, 则 ∠DBC 一定是等边三角形 (§45), 因此 DC = BC. 由 $AC = \frac{1}{2}DC$, 有 $AC = \frac{1}{2}BC$.

请读者自行证明逆命题:在直角三角形中,如果一条直角边是斜边的一半,那么这条边所对的锐角等于30°.

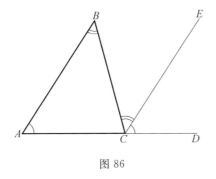 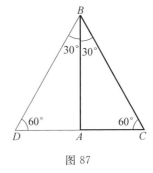

图 86   图 87

§82 定理:n 边形内角和等于 $(n-2)180°$

如图 88,在多边形内部任取一点 O,连接点 O 与所有顶点.因此,多边形被分成与边数一样多的三角形,即 n 个三角形.每个三角形的内角之和是 180°.因此,所有三角形的内角和为 $n180°$.显然,这个度数大于多边形所有内角之和,多出的部分是在点 O 处的 1 个周角.又因为 1 个周角是 360°(§27).因此,多边形的内角之和为

$$n180° - 360° = 180°(n-2)$$

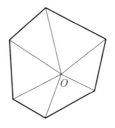

图 88

注 (1)这个定理也可用下列方法证明.从凸多边形的顶点 A(图89)作多边形的对角线,这样多边形就被分成若干个三角形,三角形的数目比多边形的边数少 2.实际上,如果我们不计算构成多边形角 A 的两条边,那么其余的边数对应于三角形的个数.因此,这些三角形的总数是 $n-2$,其中 n 表示多边形的边数.每个三角形的内角之和是 180°,因此所有三角形的内角之和是 $(n-2)180°$,即为多边形内角和.

图 89

(2) 对于任意非凸多边形,结果也是一样的.要证明这一点,首先要把非凸多边形变成凸多边形.为此,可以将多边形各边向两个方向延长,则无穷直线将平面分成两部分:凸多边形和无穷区域.原来的非凸多边形将由一些小凸多边形构成.

§83 定理:如果过凸多边形的每个顶点,延长顶角的一条边,那么由此形成的多边形外角和等于360°(与多边形的边数无关)

如图 90,多边形的每个内角与其外角和为 180°.因此,所有内角之和加上外角之和等于 $n180°$(其中 n 是多边形的边数).但已知多边形内角和是 $n180° - 360°$.因此外角之和

$$n180° - (n180° - 360°) = n180° - n180° + 360° = 360°$$

图 90

练　　习

153.计算等边三角形两条中线的夹角.

154.计算直角三角形中两个锐角平分线所成角.

155. 已知等腰三角形的一个角,求另两个角.考虑两种情况:给定的角是顶角或是底角.

156. 计算等角五边形的内角和与外角和.

157*. 三角形的一条角平分线将三角形分为两个等腰三角形,计算三角形的三个角.

158. 证明如果一个三角形中的两个角和第一个角的对边与另一个三角形中的两个角和第一个角的对边分别相等,那么这两个三角形全等.

注:该命题有时称为 AAS 判别法,或 SAA 判别法.

159. 证明如果一个直角三角形中的一条直角边和该边的对角与另一个直角三角形中的一条直角边和该边的对角分别相等,那么这两个三角形全等.

160. 证明在凸多边形中,两个相邻角的角平分线夹角等于这两个相邻角的和的一半.

161. 已知三角形的两个内角,求第三个内角.

162. 已知直角三角形的一个锐角,求另一个锐角.

163. 已知直角三角形的一条直角边和该边的对角,作三角形.

164. 已知三角形的两个角和其中一个角的对边,作三角形.

165. 已知等腰三角形的底边和顶角,作等腰三角形.

166. 作一个等腰三角形:(1)已知三角形的底角和底边上的高;(2)已知三角形的腰和底边上的高.

167. 已知等边三角形的高,作等边三角形.

168. 三等分一个直角(换句话说,作 $\frac{1}{3} \times 90° = 30°$ 的角).

169. 作与给定多边形全等的多边形.

提示:对角线将凸多边形分为三角形.

170. 已知四边形的三个角以及构成第四个角的两条边,作四边形.

提示:求第四个角.

171*. 一个凸多边形可以有几个锐角?

172*. 求五角星(图 221)在五个顶点处的内角和及它的五个外角和(过每个顶点延长一条边).将结果与 §82 和 §83 的结果进行对比.

173*. 参照 §82 的注,将 §82 和 §83 的结果推广到非凸多边形.

第 13 节　　平行四边形和梯形

§84　平行四边形

两组对边平行的四边形称为平行四边形. 例如, 将任意两条平行直线 KL 与 MN 和另外两条平行直线 RS 和 PQ 相交得到平行四边形($ABCD$, 图 91).

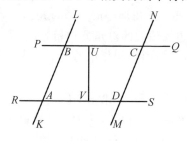

图 91

§85　边与角的性质

定理　　在任意平行四边形中, 对边相等, 对角相等, 且相邻两角之和等于 $180°$(图 92).

连接对角线 BD, 得到 $\triangle ABD$ 和 $\triangle BCD$, 显然 BD 是公共边, $\angle 1 = \angle 4$, $\angle 2 = \angle 3$(两平行线平行, 内错角相等), 由 ASA 判别法可知, 这两个三角形全等. 由三角形全等知 $AB = CD$, $AD = BC$, $\angle A = \angle C$. 对角 $\angle B = \angle D$.

最后, 两个相邻角, 如 $\angle A$ 和 $\angle D$, 相加等于 $180°$, 因为 $\angle A$ 和 $\angle D$ 是平行线被截线所截形成的同旁内角.

推论 1　　如果平行四边形中有一个角是直角, 那么其他三个角也都是直角.

注　　平行四边形的对边相等可以这样表述: 平行直线被平行直线所截, 截得的线段相等.

推论 2　　如果两直线平行, 那么一条平行直线上的所有的点到另一条平行直线的距离都相等; 简言之, 平行直线(AB 和 CD, 图 93)之间的距离总相等.

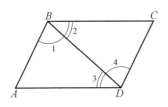

图 92

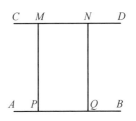

图 93

事实上,如果过直线 CD 上的任意两点 M 和 N,作直线 AB 的垂线 MP 与 NQ,那么这两条垂线平行(§71),因此四边形 $MNQP$ 是平行四边形. 从而 $MP = NQ$,即点 M 和 N 到直线 AB 的距离相等

注　如图91,给定一个平行四边形($ABCD$),有时将其一组对边(如 AD 和 BC)称为一组底. 在这种情况下,连接平行线 PQ 和 RS 的垂线称为平行四边形的高. 因此,推论可以这样表述:平行四边形同底之间的高彼此相等.

§86　平行四边形的两个判断

定理　如果在凸四边形中:

(1)两组对边相等,或

(2)组对边相等且平行,

则该四边形为平行四边形.

证明:(1)如图92,设四边形 $ABCD$ 满足

$$AB = CD, BC = AD$$

求证这个四边形是平行四边形,即 $AB \parallel CD$ 和 $BC \parallel AD$.

连接对角线 BD 得到两个三角形,显然 BD 是公共边,由假设知 $AB = CD$,$BC = AD$,由 SSS 判别法可知,这两个三角形全等. 从而有 $\angle 1 = \angle 4$,$\angle 2 = \angle 3$(在全等三角形中,等边对等角).这意味着 $AB \parallel CD$ 和 $BC \parallel AD$(内错角相等,两直线平行).

(2)如图92,设四边形 $ABCD$ 满足 $BC \parallel AD$ 和 $BC = AD$. 求证四边形 $ABCD$ 是一个平行四边形,即 $AB \parallel CD$.

显然 BD 是公共边,由假设知 $BC = AD$,$\angle 2 = \angle 3$(两直线平行,内错角相等),由 SAS 判别法可知,$\triangle ABD$ 和 $\triangle BCD$ 全等. 由三角形全等可知 $\angle 1 = \angle 4$,因此 $AB \parallel CD$.

63

§87　对角线及其性质

定理　(1) 如果一个四边形($ABCD$,图 94)是一个平行四边形,那么它的对角线彼此等分.

(2) 反之亦然,在一个四边形中,如果对角线彼此等分,那么这个四边形是一个平行四边形.

证明:(1) 已知 $BC=AD$(平行四边形对边),$\angle 1=\angle 2$,$\angle 3=\angle 4$(内错角相等),由 ASA 判别法可知,$\triangle BOC$ 与 $\triangle AOD$ 全等. 由三角形全等可知,$OA=OC$,$OD=OB$.

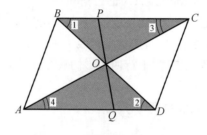

图 94

(2) 若 $AO=OC$,$OB=OD$,则 $\triangle AOD$ 与 $\triangle BOC$ 全等(通过 SAS 判别法). 由三角形的全等可知,$\angle 1=\angle 2$,$\angle 3=\angle 4$. 因此 $BC \parallel AD$,$BC=AD$. 因此 $ABCD$ 是一个平行四边形(由第二种判别法知).

§88　中心对称

如果 O 是线段 AA' 的中点,则称点 A 和点 A'(图 95)关于点 O 对称.

因此,为了构造定点 A 关于给定点 O 的对称点,连接点 A 和 O,过点 O 将 AO 延长至点 A',使线段 OA' 等于线段 AO,则点 A' 即为所求.

两个图形(或同一图形的两个部分)关于给定点 O 对称,如果对于一个图形中的每个点,关于点 O 对称的点属于另一个图形,反之亦然,则称点 O 为对称中心,称这种对称是中心对称(而不是 §37 中学过的轴对称). 如果图形上的每个点都与同一图形上的某个点对称(关于某个中心),则称该图形有对称中心. 这种图形的一个例子是圆,其对称中心是圆的圆心.

每个中心对称图形都可以绕对称中心旋转 180° 与原来的图形重合.事实

上,任意两个对称点(图 95,A 和 A')通过旋转交换了它们的位置.

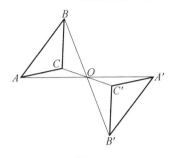

图 95

注　(1)关于某点对称的两个图形可以通过平面内的运动(叠加)重合,也就是说,不需要将图形离开平面.在这方面,中心对称不同于轴对称(§37),在轴对称中,为了叠加图形,需要翻转其中一个图形.

(2)就像轴对称一样,中心对称在我们日常生活中也很常见(见图 96,图中 N 和 S 都有一个对称中心,而 E 和 W 没有).

图 96

§89　在平行四边形中,对角线的交点是对称中心(图 94)

事实上,顶点 A 和 C 关于对角线的交点 O 是对称的(因为 $AO=OD$),B 和 C 也是对称的.此外,对于平行四边形边上的点 P,作直线 PO,过点 O 作直线 PO 的延长线与边 AD 交于点 Q,则有 $\angle 4=\angle 3$(内错角),$\angle QOA=\angle POC$(对顶角),$AO=OC$,则由 ASA 判别法可知,$\triangle AQO$ 和 $\triangle CPO$ 全等.因此,$QO=OP$,即点 P 和点 Q 关于中心 O 对称.

注　如果一个平行四边形绕对角线的交点旋转 $180°$,则对顶点交换位置(图 94 中 A 与 C,B 与 D),新的平行四边形与原来的图形重合.大多数平行四边形不具有对称轴.在下一节中,我们将了解哪些平行四边形具有对称轴.

§90　矩形及其性质

如果平行四边形中有一个角是直角,那么其他三个角也是直角(§85).有一个角是直角的平行四边形叫作矩形.

由于矩形是平行四边形,所以它具有平行四边形的所有性质(例如,它的对角线彼此等分,对角线的交点是对称中心).此外,矩形有特殊性质.

(1) 如图 97,在矩形($ABCD$)中,对角线相等.

直角三角形 $\triangle ACD$ 和 $\triangle ABD$ 全等(由 SAS 判别法,AD 是公共边,$AB = CD$ 是平行四边形的对边).由三角形全等可知:$AC = BD$.

(2) 矩形有两条对称轴.也就是说,每一条经过对称中心并平行于矩形对边的直线是矩形的对称轴.矩形的对称轴互相垂直(图 98).

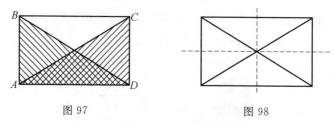

图 97　　　　　　　　　　　图 98

§91　菱形及其性质

所有的边都相等的平行四边形称为菱形.菱形除了具有平行四边形的所有性质外,菱形还具有下列特殊性质.

(1) 如图 99,菱形($ABCD$)的对角线互相垂直,并平分菱形的角.

因为 BO 是公共边,$AB = BC$(因为菱形所有的边都相等),$AO = OC$(因为任意平行四边形的对角线互相平分),由 SSS 判别法可知,$\triangle AOB$ 和 $\triangle COB$ 全等.由三角形全等可知,$\angle 1 = \angle 2$,即 $BD \perp AC$,$\angle 3 = \angle 4$,即对角线 BD 平分 $\angle B$.由 $\triangle BOC$ 和 $\triangle DOC$ 全等可知,对角线 CA 平分 $\angle C$,依此类推.

(2) 菱形的对角线是其对称轴.

如图 99,对角线 BD 是菱形 $ABCD$ 的对称轴,因为旋转 $\triangle ABD$ 可与 $\triangle BCD$ 重合.事实上,对角线 BD 平分 $\angle B$ 和 $\angle D$.此外,$AB = BC$,$AD = DC$.

同理可证对角线 AC 是对称轴.

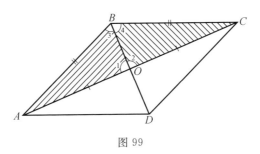

图 99

§92　正方形及其性质

所有的边都相等,所有的角都是直角的平行四边形是正方形.也可以说,所有的边都相等的矩形是正方形,或者所有的角都是直角的菱形是正方形.例如,如图 100,正方形有四条对称轴,两条对称轴过对边的中点(和矩形一样),两条对称轴过对角的顶点(和菱形一样).

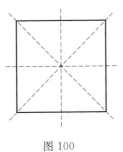

图 100

§93　一个基于平行四边形性质的定理

定理　如果角的一边(例如,如图 101,∠ABC 的一边 BC),我们截取相等线段($DE = EF = \cdots$),并过线段的端点作平行直线($DM, EN, FP, \cdots$),直到与角的另一条边相交,那么在另一条边上截得的线段也都相等($MN = NP = \cdots$).

作辅助直线 $DK \parallel AB, EL \parallel AB$.因为 $DE = EF$(由假设),∠$KDE = \angle LEF$,∠$KED = \angle LFE$(两直线平行,同位角相等),由 ASA 判别法可知,△DKE 与 △ELF 全等.由三角形全等可知 $DK = EL$.又有 $DK = MN, EL = NP$(平行四边形对边),因此 $MN = NP$.

注　可从 ∠B 的顶点开始截取相等线段,即 $BD = DE = EF = \cdots$,则在角

的另一边上的相等线段也从顶点开始,即 $BM = MN = NP = \cdots$

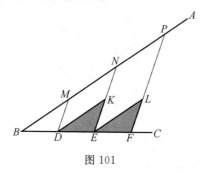

图 101

§94 推论

过三角形一边(AB)中点且平行于另一条边的直线(DE,图 102)平分第三条边(BC).

事实上,在 $\angle B$ 的一条边上截取相等线段 $BD = DA$,过点 D 和点 A 作平行直线 DE 和 AC 与 $\angle B$ 的另一条边相交.因此,根据 §93,$\angle B$ 的另一条边上所截线段也相等,即 $BE = EC$,所以,点 E 平分 BC.

注 连接三角形两边中点的线段叫作这个三角形的中位线.

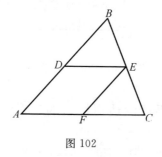

图 102

§95 中位线定理

定理 连接三角形两边中点的线段(DE,图 102)平行于第三边,且等于第三边的一半.

为了证明这个定理,过边 AB 中点 D 作边 AC 的平行线,则利用 §94 的结果,这条直线平分边 BC,并与连接 AB,BC 中点的线段重合.

此外,作直线 EF 满足 $EF \parallel AD$,可知点 F 平分边 AC. 因此 $AF = FC$,且 $AF = DE$(平行四边形 $ADEF$ 的对边). 也就是说:$DE = \dfrac{1}{2}AC$.

§96　梯形

一组对边平行,另一组对边不平行的四边形叫作梯形. 梯形的平行两边(AD 和 BC,图 103) 叫作底,非平行边(AB 和 CD) 叫作腰. 如果两条腰相等,则该梯形是等腰梯形.

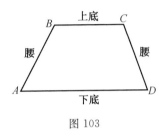

图 103

§97　梯形中位线

连接梯形两腰中点的线段叫作梯形的中位线.

定理　梯形的中位线(EF,图 104)平行于梯形的上、下底,并等于上、下底之和的一半.

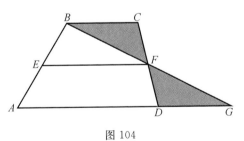

图 104

连接点 B 和点 F 的直线交 AD 的延长线于点 G,得到两个三角形 $\triangle BCF$ 和 $\triangle GDF$,因为 $CF = FD$(由假设),$\angle BFC = \angle GFD$(对顶角),$\angle BCF = \angle GDF$(两直线平行,内错角相等),由 ASA 判别法可知,$\triangle BCF$ 与 $\triangle GFD$ 全等. 由三角形全等有 $BF = FG$,$BC = DG$. 现在我们知道在 $\triangle ABG$ 中,线段 EF 连

接两边中点.因此(§95):$EF /\!/ AG, EF = \frac{1}{2}(AD + DG)$.或换言之,$EF /\!/ AD$,

$$EF = \frac{1}{2}(AD + BC).$$

练 习

174.梯形是平行四边形吗?

175.一个多边形有多少对称中心?

176.一个多边形有两条平行的对称轴吗?

177.一个四边形有多少条对称轴?

证明定理:

178.四边形各边中点是平行四边形的顶点.在什么条件下,平行四边形是:
(1)矩形;(2)菱形;(3)正方形.

179.在直角三角形中,斜边中线等于斜边的一半.

提示:将中线延长一倍.

70

180.相反的,如果斜边中线等于斜边一半,则该三角形是直角三角形.

181.在直角三角形中,斜边中线和高线所成角等于两个锐角之差.

182.在 $\triangle ABC$ 中,$\angle A$ 的平分线与边 BC 交于点 D;从点 D 作 CA 的平行线交 AB 于点 E;从点 E 作 BC 的平行线交 AC 于点 F.证明 $EA = FC$.

183.在给定的角的内部,作平行角,使得角的两边到给定角的两边距离相等.证明构造的角的平分线与给定角的平分线重合.

184.中位线平分连接上底与下底的线段.

185.连接梯形对角线中点的线段等于上下底之差.

186.过三角形三个顶点作对边的平行线.证明由这三条直线构成的大三角形由四个全等于给定三角形的三角形构成,并且每条边都等于给定三角形对应边的二倍.

187.在等腰三角形中,底边上的任一点到两个腰的距离之和等于常数,即等于腰的高线长.

188.如果取底边延长线上的一点,这个结果又该如何变化?

189.等边三角形内一点到三角形三边的距离之和等于三角形的高,与点的位置无关.

190.对角线相等的平行四边形是矩形.

191.对角线互相垂直的平行四边形是菱形.

192.对角线平分内角的平行四边形是菱形.

193.过菱形的对角线交点作各边的垂线.证明这些垂足是矩形的顶点.

194.矩形两条角平分线相垂直得到的图形是正方形.

195.设 A',B',C',D' 是正方形各边 CD,DA,AB,BC 的中点.证明线段 AA',CC',DD',BB' 相交得到的图形是正方形,其边长是原边长的 $\frac{2}{5}$.

196.已知正方形 $ABCD$.在正方形的边上截取相等线段 AA',BB',CC',DD'.连接点 A',B',C',D'.证明四边形 $A'B'C'D'$ 是正方形.

几何轨迹问题:

197.连接给定点到给定直线上任意一点的线段的中点的轨迹.

198.到两条给定平行直线等距的点的轨迹.

199.同底同高的三角形顶点的轨迹.

作图问题:

200.作一条与给定已知直线平行并相距给定长度的直线.

201.过给定点作直线,使其在两条给定直线之间的线段被给定的点平分.

202.过给定点作直线,使其在两条给定平行直线之间的线段,等于给定线段.

203.在给定角的两边之间,作垂直于角的一边的线段等于已知线段.

204.在给定角的两边之间,作平行于已知直线的直线与角的两边相交,使截得角的两边的线段等于给定线段.

205.在给定角的两边之间,作等于已知线段的线段与角的两边相交,使截得角的两边的线段相等.

206.在三角形中,作平行于底边的直线,使得在三角形内部的线段等于侧边被直线切割与底边相邻的线段之和.

第 14 节　　作图和对称方法

§98　　问题

按指定数目(例如,3)等分给定线段(AB,图 105).

从端点 A 作直线 AC,与直线 AB 相交构成 $\angle A$.在 AC 上从点 A 开始截取任意长度的三条等线段:$AD=DE=EF$.连接点 F 和 B,过点 E 和 D 作直线 EN

和 DM 平行于 FB. 则根据 §93 的结果，线段 AB 被点 M 和点 N 三等分.

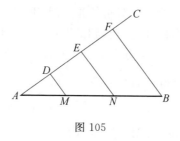

图 105

§99 平移法

解决作图的特殊方法，即著名的平移法是基于平行四边形性质得到的. 下面举例说明.

问题 两个城镇 A 和 B（图 106）位于运河的两侧，其两岸 CD 和 EF 是平行的直线. 在哪一点建造一座横跨运河的桥梁 MM'，以使两镇之间的道路 $AM + MM' + M'B$ 最短？

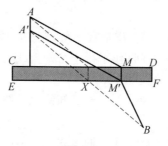

图 106

为便于解决，假设 A 镇所在的运河一侧的所有点都沿着垂直于运河两岸的线向下移动（"平移"），从而使河岸 CD 与 EF 重合. 特别的，在垂直河岸的 AA' 上，点 A 移动到点 A' 的位置，线段 AA' 的长度等于桥 MM' 的长度. 因此 $AA'M'M$ 是平行四边形（§86 定理条件（2）），所以 $AM = A'M'$，从而

$$AM + MM' + M'B = AA' + A'M' + M'B$$

当折线 $A'M'B$ 是直线时，距离之和最小. 因此桥应该建在河岸 EF 的点 X 处，即河岸与直线的交点处.

§100　反射法

轴对称的性质也可用于作图问题. 有时, 当沿着某一直线折叠图形的一部分时, 很容易发现作图过程(或者, 等价地沿这一直线反射, 与镜子反射一样), 从而使该部分在直线的另一侧的对称位置. 下面举例说明.

问题　两个城镇 A 和 B(图 107) 位于具有直线形状的铁路 CD 的同一侧上. 应在铁路上的哪个点建造一个车站 M, 以使从城镇到车站的距离总和最小?

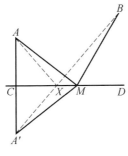

图 107

将点 A 关于直线 CD 对称, 反射到新位置 A'. 线段 $A'M$ 和线段 AM 关于直线 CD 对称, 因此 $A'M = AM$. 从而 $AM + MB = A'M + MB$. 当折线 $A'MB$ 是直线时, $A'M + MB$ 最小. 因此, 车站应建在点 X 处, 即铁路 CD 与直线 $A'B$ 的交点.

同一作图还可解决另一个问题: 已知直线 CD、点 A 和 B, 找到点 M 使得 $\angle AMC = \angle BMD$.

§101　平移

假设将一个图形(例如, $\triangle ABC$, 图 108) 移动到一个新的位置($A'B'C'$), 使得图形各点之间的所有线段保持与自身平行(即 $A'B' \parallel AB$, $B'C' \parallel BC$, …), 则新图形被称为原图形的平移, 整个运动也叫作平移. 三角板 (图 76) 沿着直尺 (在 §74 中叙述的构造平行直线) 的移动是平移的示例.

注意, 根据 §86 的结果, 如果 $AB \parallel A'B'$, $AB = A'B'$(图 108), 则 $ABB'A'$ 是一个平行四边形, 因此 $AA' \parallel BB'$, $AA' = BB'$. 因此, 如果将图形平移之后,

73

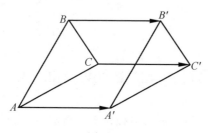

图 108

并已知点 A 的新位置 A'，那么为了平移其他所有点 $B, C, \cdots$，只要构造平行四边形 $AA'B'B, AA'C'C, \cdots$ 即可. 也就是说，构造线段 $BB', CC', \cdots$ 平行于线段 AA'，与 AA' 方向相同并等于 AA'.

反之亦然，如果我们通过作线段 $AA', BB', CC', \cdots$ 将图形（例如 $\triangle ABC$）移动到一个新位置（$\triangle A'B'C'$），这两个三角形全等并平行，新图形是旧图形的平移. 事实上，$AA'B'B, AA'C'C, \cdots$ 是平行四边形，因此，所有线段 $AB, BC, \cdots$ 移动到新位置 $A'B', B'C', \cdots$，仍与本身平行.

74

下面举例说明用平移法解决更多的作图问题.

§102　问题

已知四边形的各边和连接一组对边中点的线段 EF，作四边形 $ABCD$（图 109）.

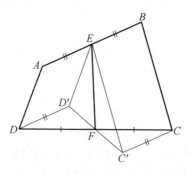

图 109

为了使给定线段彼此接近，平移边 AD 和边 BC，即，用某种方式移动 AD 和 BC 到新位置 ED' 和 EC'，使它们与本身保持平行.

四边形 $DAED', C'EBC$ 是平行四边形，因此线段 DD' 平行且等于 AE，CC' 平行且等于 BE，且 $AE = EB$，因此 $DD' = CC'$，$DD' /\!/ CC'$，所以，由 SAS 判别

法可知 $\triangle DD'F$ 与 $\triangle CC'F$ 全等.（因为 $DD' = CC'$,$DF = FC$,$\angle D'DF = \angle C'CF$).由三角形全等知,$\angle D'FD = \angle C'FC$,所以折线 $D'FC'$ 是一条直线,因此,图形 $ED'FC'$ 是一个三角形.在这个三角形中,已知两条边($ED' = AD$,$EC' = BC$),第三边的中线 EF.三角形 $EC'D'$ 很容易从这些条件中获得.（即,过点 F 将 EF 延长至 EF 的二倍,连接点 D' 和点 C'.在得到的平行四边形中,所有的边以及对角线都已知.）

解出 $\triangle ED'C'$ 后,作三角形 $D'DF$ 和 $C'CF$,即得到整个四边形 $ABCD$.

练　　习

207.构造三角形,已知:

(1) 三角形的底、高和腰.

(2) 三角形的底、高和一个底角;

(3) 三角形的一个内角和该角两边上的高;

(4) 三角形的一边和其他两边之和及其中一条边上的高;

(5) 三角形的底角、底边的高和周长.

208.已知四边形的三条边和两条对角线,作四边形.

209.构造平行四边形,已知:

(1) 两条相邻边和一条对角线;

(2) 一条边和两条对角线;

(3) 两条对角线及其夹角;

(4) 一条边、高和一条对角线.（这总是可能的吗？）

210.已知矩形的对角线及其夹角,作矩形.

211.构造菱形,已知:

(1) 一条边和一条对角线;

(2) 两条对角线;

(3) 对边的距离和一条对角线;

(4) 一个角以及过其顶点的对角线;

(5) 一条对角线及其对角;

(6) 一条对角线及其与一条边所成角.

212.已知正方形的两条对角线,作正方形.

213.构造梯形,已知:

(1) 底边,一个底角以及两腰（可能有两解、一解或无解）;

(2) 上下底之差,一条对角线和一腰;

(3) 四条边;(这总是可能的吗?)

(4) 一条底、两条对角线及上、下底之间的距离;(什么时候成立?)

(5) 上、下底和两条对角线.(什么时候成立?)

214*.构造正方形,已知:

(1) 一条对角线和一条边的和;

(2) 一条对角线和高的差.

215*.已知平行四边形的两条对角线和一个高,构造这个平行四边形.

216*.已知平行四边形一边,两条对角线的和及其夹角,构造这个平行四边形.

217*.构造三角形,已知:

(1) 两条边和第三条边的中线;

(2) 底边、底边上的高和侧边的中线.

218*.构造直角三角形,已知:

(1) 斜边和两直角边之和;

(2) 斜边和两直角边之差.

219.给定一个角和一内点,构造一个周长最短的三角形,满足三角形的一个顶点是给定点,其他两个顶点在给定角的两条边上.

220*.已知四边形 $ABCD$ 的四条边,且对角线 AC 平分 $\angle A$,构造四边形 $ABCD$.

221*.已知长方形台球桌上两个台球在位置 A 和 B,应朝哪个方向击球 A,使它在台球桌的四边连续反射,然后击中球 B?

222.已知梯形的四条边,构造这个梯形.

223*.已知梯形的一个内角、两条对角线和中位线,构造这个梯形.

224*.已知四边形的三条边和与未知边上的两个角,构造这个四边形.

第2章　圆

第1节　圆　和　弦

§103　序言

如图110,显然,过一个点(A)可以画任意多个圆:可以任意选择圆心. 如图111,过两点(A和B),也可以画无限个圆,但是圆心不是任意选择的,因为圆心到点A,B的距离相等,因此圆心必在线段AB的垂直平分线上.(即垂直于线段AB且过线段中点,§56)

我们思考过三点是否可以画一个圆.

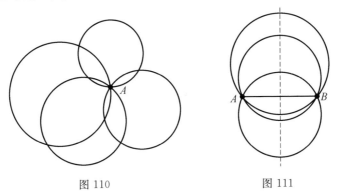

图 110　　　　　　　　　　　图 111

§104　定理:过不在同一直线上的任意三点,可以画一个圆, 且这样的圆是唯一的

如图112,过不在同一直线上的三点A,B,C(图112),(换句话说,过三角形ABC的顶点)只有在存在第四个点O时,才能画出圆,并且点O与点A,B,C等距.下面我们证明这样的点存在且唯一.为此,我们考虑任何与点A和点B等

距的点必在边 AB 的垂直平分线 MN 上($\S56$).同样,任何与点 B 和点 C 等距的点也必在边 BC 的垂直平分线 PQ 上.因此,如果存在一个点与 A,B,C 三点距离相等,那么该点一定同时在直线 MN 和直线 PQ 上,所以只有当这个点与这两条直线交点重合时才符合条件.直线 MN,PQ 一定相交(因为这两条直线垂直于两条相交直线 AB 和 BC,$\S78$).这个交点 O 与点 A,B 和 C 等距.因此,如果我们取这一点为圆心,取 OA(或 OB,或 OC)为半径作圆,则该圆将通过点 A,B 和 C.因为直线 MN 和 PQ 只能交于一点,所以这个圆的圆心是唯一的.半径的长度也是确定的,因此我们所讨论的圆也是唯一的.

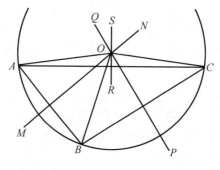

图 112

注 (1)如果点 A,B,C(图 112)在同一直线上,那么线段 AB,BC 的垂直平分线 MN 和 PQ 是平行的,因此不能相交.故过在同一直线上的三个点,不能画圆.

(2)在同一直线上的三个或三个以上的点通常称为共线.

推论 与 A,C 等距的点 O 一定在边 AC 的垂直平分线 RS 上.因此,三角形三边的垂直平分线交于一点.

§105 定理:垂直于弦的直径(AB,图 113)将平分弦和弦对应的两条弧

沿直径 AB 折叠图形,图形的左右两部分能够重合,那么左半圆可由右半圆确定,垂线 KC 将与 KD 重合.点 C 是半圆与 KC 的交点,将与 D 重合.因此 $KC=KD,\overset{\frown}{BC}=\overset{\frown}{BD},\overset{\frown}{AC}=\overset{\frown}{AD}$.

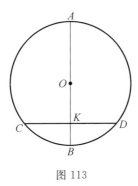

图 113

§106　逆定理

（1）若直径（AB）平分弦（CD），则直径垂直于弦，并平分弦所对的弧（图 113）.

（2）若直径（AB）平分弧（CBD），则直径（AB）垂直于弧所对的弦，并平分弦.

这两个命题用反证法很容易证明.

§107　定理

平行弦（AB 和 CD，图 114）所夹的弧（AC 和 BD）相等.

沿直径 EF 折叠图形使得 $EF \perp AB$，那么根据前面的定理得出结论，点 A 和点 B 重合，点 C 和点 D 重合.因此弧 AC 可由弧 BD 确定，即两弧相等.

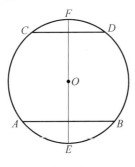

图 114

§108 问题

(1) 平分给定弧(AB,图 115).

用弦 AB 连接弧的两端,过圆心作弦的垂线并将其延长至与弧相交,根据 §106 的结果,弧 AB 被此垂线平分.

但是,如果圆心未知,则可过弦的中点作垂线.

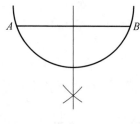

图 115

(2) 找给定圆的圆心(图 116).

在圆上任意选择三点 A,B 和 C,过这三个点作两条弦,例如,弦 AB 和弦 BC.作每条弦的垂直平分线 MN 和 PQ,所求圆心与 A,B 和 C 等距,所以圆心一定在直线 MN 和直线 PQ 上.因此,两条弦的垂直平分线的交点就是圆心 O.

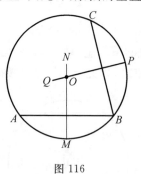

图 116

§109 弧和弦之间的关系

定理 在同圆或等圆中:

(1) 如果两弧相等,那么这两条弧所对应的弦也相等且圆心到两弦的距离

相等;

（2）如果两条小于半圆的弧不相等,那么较长的弧对应较长的弦,且圆心到长弦的距离更短.

（1）如图117,弧 AB 等于弧 CD；求证弦 AB 和 CD 相等,且弦的垂直平分线 OE, OF 也相等.

绕圆心 O 旋转扇形 AOB,使半径 OA 与半径 OC 重合,那么弧 AB 将沿着弧 CD 移动,因为弧 AB 等于弧 CD,所以两弧重合.因此弦 AB 与弦 CD 重合,垂线 OE 和 OF 重合(因为过某一定点作线段的垂线是唯一的),即 $AB=CD$ 和 $OE=OF$.

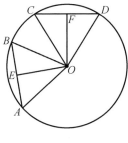

图 117

（2）如图118,若弧 AB 小于弧 CD,并且这两弧都小于半圆；求证弦 AB 小于弦 CD,垂线 OE 大于 OF.

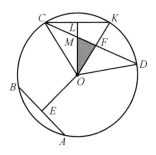

图 118

在弧 CD 上截取与弧 AB 相等的弧 CK,并作弦 CK,由（1）可知,圆心到弦 CK 与弦 AB 的距离相等.三角形 COD 和 COK 有两条边分别相等(因为这些边是半径),但这两边的夹角不相等.在这种情况下($\S 50$),大角(如 $\angle COD$)对大边.因此 $CD>CK$,即 $CD>AB$.

为了证明 $OE>OF$,作 $OL\perp CK$,由（1）知 $OE=OL$,因此将 OF 与 OL 进

行比较. 在直角三角形 OFM 中(图 118 中阴影部分),斜边 OM 大于直角边 OF. 又因为 $OL > OM$,因此 $OL > OF$,即 $OE > OF$.

刚刚证明的定理对等圆依然成立,因为等圆和同圆之间的区别仅仅是它们的位置不同.

§110 逆定理

因为前一定理比较两弧大小的所有可能情况的前提是半径相同(假设两弧都小于半圆)以及圆心到弦的距离是唯一的,则逆命题也是真的. 即:

在同圆或等圆中:

(1) 圆心到等弦的距离相等,且弦对应的弧也相等;

(2) 与圆心等距的弦是相等的,且对应的弧也相等;

(3) 两个非等弦中较长的弦到圆心距离近,且对应较大的弧;

(4) 在与圆心不等距的两条弦中,离圆心较近的弦对应较大的弧.

82   这些命题很容易用反证法来证明. 例如,要证明第一个结论,我们可以进行如下讨论. 如果给定的等弦对应非等弧,那么由第一个定理可知这两条弦的长度是不相等的,即与假设相矛盾. 因此,等弦必须对应等弧(且当弧相等时),那么由定理直接可得,圆心到等弦的距离相等.

§111 定理:直径是最大的弦

如图 119,连接圆心 O 与任意不过圆心的弦 AB 的两个端点,得到三角形 AOB,这样弦 AB 就是三角形的一条边,另外两边是半径. 通过三角形不等式 (§48) 可得,弦 AB 小于两个半径的和,而直径的长度等于两个半径的和,因此,直径大于任何不过圆心的弦. 而直径也是弦,所以我们可以说直径是最大的弦.

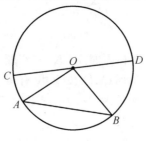

图 119

练 习

225. 将一条给定线段移动并与自身保持平行,若线段的一个端点在定圆上,求另一端点的几何轨迹.

226. 令给定线段的两个端点沿直角的两边运动. 求该线段中点的几何轨迹.

227. 在弦 AB 上取与弦中点 C 等距的两点,过这两点作直线 AB 的垂线与圆交于两点. 证明这两条垂线相等.

提示:沿过点 C 的直径折叠图形.

228. 同圆中两条相交等弦被交点分为两段相等线段.

229. 在圆中,作两条垂直于直径 AB 的弦 CC' 和 DD',连接弦 CD 和 $C'D'$ 中点的线段 MM' 与 AB 垂直.

230. 证明过给定圆内一点 A 的所有弦中,垂直于过点 A 的直径的弦最短.

231*. 证明给定圆上与一定点距离最近和最远的点必在过定点和圆心的割线上.

提示:应用三角形不等式.

232. 4,8,16,… 等分一定弧.

233. 已知两条相同半径的弧的和与差,构造这两条弧.

234. 构造一个以定点为圆心的圆,并平分给定圆.

235. 过圆内一点作以该点为中点的弦.

236. 给定圆内的一条弦,作另一条弦被给定的弦平分且与给定弦所成角等于给定角.(找出所有满足条件的角.)

237. 构造一个以给定点为圆心的圆,与给定直线相交截得给定长度的弦.

238. 构造一个给定半径的圆,已知圆心在给定角的一边上,且与角的另一边相交截得给定长度的弦.

第 2 节　直线与圆的位置关系

§ 112

一条直线和一个圆有且只有下列三种位置关系:

(1) 如图 120,圆心到直线的距离大于圆的半径,即圆心 O 到直线 AB 的距

离 OC 大于半径.直线上的点 C 比圆上的点到圆心距离更远,因此点 C 在圆外.因为直线上的其他点到圆心 O 的距离都比点 C 到圆心 O 的距离远(斜线大于垂线),所以这些点都在圆外,也就是说,直线与圆没有公共点.

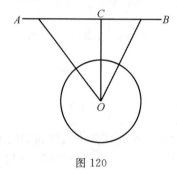

图 120

(2) 如图 121,圆心到直线的距离小于圆的半径.在这种情况下,点 C 在圆内,因此直线与圆相交.

(3) 如图 122,圆心到直线的距离等于半径,即点 C 在圆上,则直线上其他的点 D 到点 O 的距离大于点 C 到点 O 的距离,在圆外.在这种情况下,直线和圆只有一个公共点,即圆心到直线的垂足.

与圆只有一个公共点的直线叫作圆的切线,公共点叫作切点.

84

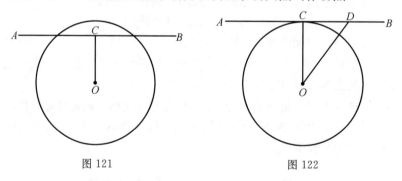

图 121   图 122

§113

因此,在直线和圆的位置关系三种可能情况中,只有在第三种情况下才有切线,即从圆心作直线的垂线即是半径,在这种情况下,切点是圆上的半径端点.还可以用以下方式表述:

(1)若直线(AB)垂直于半径(OC),垂足为圆上的点 C,那么这条直线是圆

的切线,反之亦然;

（2）若一条直线是圆的切线,则连接切点和圆心的半径垂直于这条直线.

§114　问题

作一定圆的切线,使之平行于给定直线 AB（图 123）.

过圆心作直线 OC 垂直于 AB,垂线与圆交于点 D,过 D 作 $EF /\!/ AB$. EF 即为所求切线.事实上,因为 $OC \perp AB$, $EF /\!/ AB$,从而有 $EF \perp OD$,垂直于半径的直线,垂足在圆上,是切线.

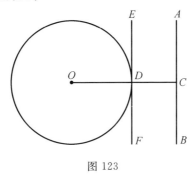

图 123

§115　定理:如果一条切线平行于一条弦,则切点平分弦所对的弧

如图 124,设直线 AB 与圆在点 M 处相切且平行于弦 CD,求证 $\overset{\frown}{CM} = \overset{\frown}{MD}$.

过切点 M 的直径 ME 垂直于 AB,从而垂直于 CD,所以直径平分 $\overset{\frown}{CMD}$（§105）,即 $\overset{\frown}{CM} = \overset{\frown}{MD}$.

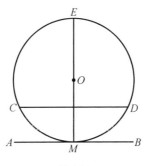

图 124

练　习

239. 从圆外一点作圆的切线等于给定线段,求满足条件的所有点的几何轨迹.

240. 已知圆的半径及一条切线,求满足条件的所有圆圆心的几何轨迹.

241. 过点 M 作圆的两条切线,与圆切于点 A 和点 B. 过点 B 延长半径 OB 使 $BC=OB$. 求证 $\angle AMC=3\angle BMC$.

242. 过点 M 作圆的两条切线,与圆切于点 A 和点 B. 在劣弧 AB 上有一点 C,过点 C 的第三条切线与 MA 和 MB 分别交于点 D 和点 E. 求证:(1) $\triangle DME$ 的周长与点 C 的位置无关;(2) $\angle DOE$（O 是圆心）与点 C 的位置无关.

提示:周长等于 $MA+MB$,$\angle DOE=\dfrac{1}{2}\angle AOB$.

243. 在给定直线上找到一点离定圆的距离最短.

244. 已知圆的半径以及从定点与圆相切的定直线构造这个圆.

245. 过一定点作一个圆,已知该圆与过另一个定点的定直线相切.

246. 过一定点作一个圆,已知圆的半径以及给定切线.

247. 已知圆与一给定角的两边相切并与角的一边交于定点,作这个圆.

248. 已知圆与一对平行直线相切并过平行直线内一定点,作这个圆.

249. 在一条定直线上找到一点,使从该点作圆的切线等于给定线段.

第 3 节　　圆与圆的位置关系

§116　　定义

如果两个圆只有一个公共点,则称这两个圆相切. 若两个圆有两个公共点,则称这两个圆相交.

两个圆不能有三个公共点,因为如果两个圆有三个公共点,就会有两个圆过相同的三个点,这是不可能的.（§104）

连接两圆圆心的无穷直线叫作连心线.

§117　定理

如果两个圆(图 125)在连心线之外有一个公共点(A),那么这两个圆有关于连心线对称的另一个公共点 A'.(因此这两个圆相交.)

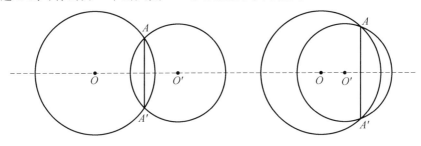

图 125

事实上,连心线包含两个圆的直径,因此连心线也是两个圆的对称轴.点 A' 和公共点 A 关于对称轴对称(A' 在对称轴的另一侧),所以点 A' 也在两圆上.

对称轴是线段 AA' 的垂直平分线,从而有

推论　如图 125,两个相交圆的公共弦垂直平分连心线.

§118　定理

如果两个圆有一个公共点(A,图 126,127)在连心线上,那么这两个圆相切.

圆在连心线之外不会有其他公共点,否则这两个圆在连心线的另一侧还有第三个公共点,在这种情况下,这两个圆重合.圆在连心线上不能有其他公共点.事实上,若在连心线上有两个公共点,则连接这两个点的公共弦将是两个圆的公共直径,两个圆有公共直径,则这两个圆重合.

注　如图 126,若两个圆相切,每个圆上的点都在另一个圆的外部,则称这两个圆外切;如图 127,每个圆上的点都在另一个圆的内部,则称这两个圆内切.

§119　逆定理

若两个圆相切(切点为 A,图 126,127),则切点在连心线上.

点 A 不能在连心线外,否则这两个圆至少有一个公共点,与假设矛盾.

推论　两个相切圆在切点处有同一切线,因为过切点 A 的直线 MN(图 126,127)垂直于半径 OA,也垂直于半径 OA'.

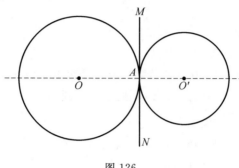

图 126

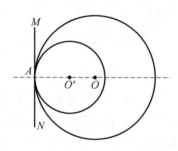

图 127

§120　圆与圆的多种位置关系

用字母 R 和 R' 分别表示两圆的半径(假设 $R \geqslant R'$),两圆心距离为 d. 参照圆与圆的位置关系,考查这些量之间的关系. 有五种关系,即:

(1) 如图 128,两圆相离,无切线;显然 $d > R + R'$.

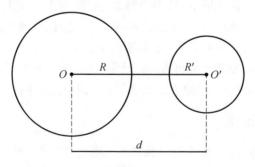

图 128

(2) 如图 129,两圆外切,则 $d = R + R'$,因为切点在连心线上.

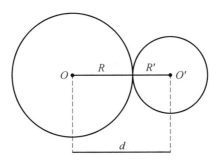

图 129

（3）如图 130，两圆相交，则 $d < R + R'$，同时 $d > R - R'$，因为在 $\triangle OAO'$ 中，边 $OO' = d < R + R'$，但大于 $R - R'$.

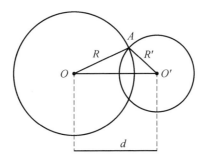

图 130

（4）如图 131，两圆内切，则 $d = R - R'$，因为切点在连心线上.

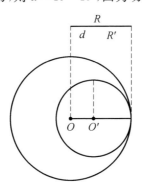

图 131

（5）如图 132，两圆内含，则 $d < R - R'$. 特别的，当 $d = 0$ 时，两个圆的圆心重合（这样的圆称为同心圆）.

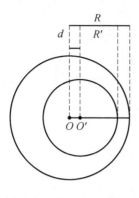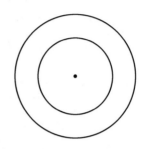

图 132

注　我们让读者来验证这些定理：

(1) 如果 $d > R + R'$，则两圆相离.

(2) 如果 $d = R + R'$，则两圆外切.

(3) 如果 $d < R + R'$，且 $d > R - R'$，则两圆相交.

(4) 如果 $d = R - R'$，则两圆内切.

(5) 如果 $d < R - R'$，则两圆内含.

这些命题很容易用反证法证明.

§121　绕点旋转

例如，将一个平面图形 $\triangle ABC$（图 133）与平面上的某一点 O 相连. 假设用线段连接点 O 与三角形上所有的点（包括三角形的顶点），由这些线段构成的整个图形，仍在三角形所在平面上，绕点 O 运动，即，按箭头所示方向运动. 设 $\triangle A'B'C'$ 是 $\triangle ABC$ 运动一段时间后所在的新位置. 我们还假设 $\triangle ABC$ 的形状不变，则有：$AB = A'B', BC = B'C', CA = C'A'$. 我们把图形在平面上的这种运动叫作绕点旋转，点 O 称为旋转中心. 因此，换句话说，绕中心 O 的旋转是平面图形的刚体运动，使得每个点到中心的距离保持不变：$AO = A'O, BO = B'O, CO = C'O, \cdots$. 显然，旋转图形上所有的点的轨迹是一个同心弧，半径是各点到圆心的距离.

值得注意的是，由旋转图形上不同的点同时得到的同心弧，对应的圆心角彼此相等（图 133）

$$\angle AOA' = \angle BOB' = \angle COC' = \cdots$$

事实上，由 SSS 判别法可知 $\triangle AOB$ 和 $\triangle A'OB'$ 全等，所以 $\angle AOB =$

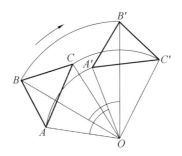

图 133

$\angle A'OB'$. 把这两个角都加上 $\angle BOA'$, 有 $\angle AOA' = \angle BOB'$. 同理可证 $\angle BOB' = \angle COC'$, 依次类推.

所有半径旋转的公共角称为图形的旋转角.

反之亦然, 为了构造平面图形绕定点 O 旋转给定角度(例如, 旋转 $\triangle ABC$ 至 $\triangle A'B'C'$), 则只要沿同一方向构造同心弧 $\overgroup{AA'}$, $\overgroup{BB'}$, $\overgroup{CC'}$, ⋯ 即可. 对应角 $\angle AOA'$, $\angle BOB'$, $\angle COC'$, ⋯ 等于给定旋转角.

练　　习

250. 已知圆与过定点的定直线相切, 求圆心的几何轨迹.

251. 已知圆的半径以及和圆相切的圆, 求圆心的几何轨迹.(考虑外切和内切两种情况)

252. 两个等圆的割线平行于连心线 OO', 与第一个圆交于点 A 和点 B, 与第二个圆交于点 A' 和点 B'. 证明 $AA' = BB' = OO'$.

253*. 证明连接两个非相交圆的最短线段在连心线上.

提示: 应用三角形不等式.

254. 证明如果过两个圆的一个交点, 作所有的割线, 且只保留在圆内的割线, 那么最长割线平行于连心线.

255. 构造一个过定点的圆, 与过另一个定点的定圆相切.

256. 已知圆与两条给定的平行直线相切, 且与在两条平行线之间的定圆相切, 作这个圆.

257. 过一个定点作一个圆, 已知圆与一个定圆相切以及圆的半径.(考虑三种情况:(1) 点在给定圆外;(2) 点在给定圆上;(3) 点在给定圆内.)

第4节　圆周角和其他一些角

§122　圆周角

过圆上一点作两条弦,两弦所夹的角叫作圆周角.因此在图 134 ～ 136 中的 ∠ABC 都是圆周角.

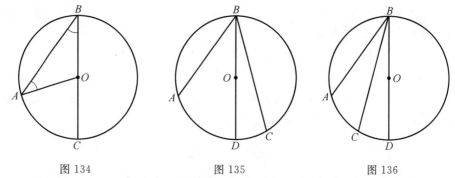

图 134　　　　　　　图 135　　　　　　　图 136

连接角的两边且包含在角的内部的弧,称为这个角所对的弧.因此,图 135 中的圆周角 ∠ABC 所对的弧是 $\overset{\frown}{ADC}$.

§123　定理:圆周角等于它所对的弧的弧度的一半

这个定理有如下解释:圆周角的度数等于弧所对圆心角度数的一半.

在定理的证明中,考虑以下三种情况:

(1) 如图 134,圆心 O 在圆周角 ∠ABC 的一条边上.连接半径 AO,得到 △AOB 其中 $OA = OB$(半径),因此 ∠ABO = ∠BAO. ∠AOC 是 △AOB 的外角,因此 ∠AOC = ∠ABO + ∠BAO,即 $2\angle ABO$. 因此,∠ABO 是圆心角 ∠AOC 的一半.又 ∠AOC 是弧 AC 所对圆心角,也就是说,∠AOC 等于弧 AC 的弧度.因此,圆周角 ∠ABC 等于它所对的弧 AC 弧度的一半.

(2) 如图 135,圆心 O 在圆周角 ∠ABC 的内部.连接直径 BD,我们将 ∠ABC 分成两个角,其中(根据第(1)部分),一个角等于弧 AD 弧度的一半,另一个角等于弧 DC 弧度的一半.因此 ∠ABC 等于 $\frac{1}{2}\overset{\frown}{AD} + \frac{1}{2}\overset{\frown}{DC}$ 的弧度,等于

$\frac{1}{2}(\overset{\frown}{AD} + \overset{\frown}{DC})$ 的弧度,即 $\frac{1}{2}\overset{\frown}{AC}$ 的弧度.

(3) 圆心 O 在圆周角 $\angle ABC$ 的外部. 连接直径 BD,我们有

$$\angle ABC = \angle ABD - \angle CBD$$

但 $\angle ABD$ 和 $\angle CBD$ 等于弧 AD 弧度和 CD 弧度的一半(根据第(1)部分).因此 $\angle ABC$ 等于 $\frac{1}{2}\overset{\frown}{AD} - \frac{1}{2}\overset{\frown}{CD}$ 的弧度,等于 $\frac{1}{2}(\overset{\frown}{AD} - \overset{\frown}{CD})$ 的弧度,即 $\frac{1}{2}\overset{\frown}{AC}$ 的弧度.

§124 推论

(1) 同弧所对圆周角相等(图 137),因为它们都等于同弧弧度的一半. 如果将其中一个角记为 α,我们可以说弓形 AmB 的弓形角为 α.

(2) 任意直径所对圆周角都是直角(图 138),因为这样的角等于半圆弧度的一半,因此是 $90°$.

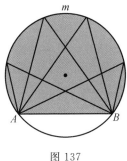

图 137

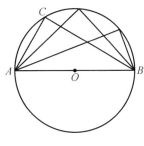

图 138

§125 定理

弦切角($\angle ACD$,图 140)的度数等于它所夹的弧所对圆心角度数的一半(即在角的内部的弧 DC).

如图 139,假设弦 CD 过圆心 O,即 CD 是直径,则 $\angle ACD$ 是直角($\S 113$),即为 $90°$. 又弧 CmD 弧度的一半也是 $90°$,因为 $\overset{\frown}{CmD}$ 是一个半圆,度数为 $180°$. 因此这个定理在这种特殊情况下成立.

现在考虑弦 CD 不过圆心的一般情况(如图 140,其中 $\angle ACD$ 是锐角).作直径 CE,我们有

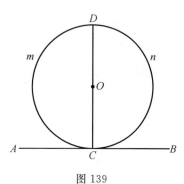

图 139

$$\angle ACD = \angle ACE - \angle DCE$$

$\angle ACE$ 是弦切角,等于弧 CDE 弧度的一半. $\angle DCE$ 是圆周角,是弧 DE 弧度的一半.因此 $\angle ACD$ 等于 $\frac{1}{2}\stackrel{\frown}{CDE} - \frac{1}{2}\stackrel{\frown}{DE}$,即弧 CD 弧度的一半.

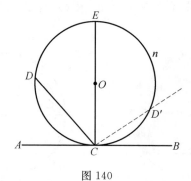

图 140

如图 140,同理可证弦切角是钝角($\angle BCD$)的情况,其度数等于 $\stackrel{\frown}{CnED}$ 弧度的一半.证明中唯一的区别是这个角不是两弧之差,而是直角 BCE 和圆周角 ECD 的和.

注 可以把这个定理看作是前面关于圆周角定理的一个例子.即,考虑图 140 中的弦切角,如 $\angle BCD$,在其所对弧上任选一点 D',则 $\angle BCD = \angle BCD' + \angle D'CD$.对应的,圆周角 $\angle BCD$ 所对弧 CnD 等于弧 CD' 与 $D'nD$ 之和.现在令点 D' 沿着圆周向点 C 移动,当 D' 逼近 C 时,射线 CD' 的位置逼近 CB 的位置,则 $\stackrel{\frown}{CD'}$ 和 $\angle BCD'$ 的测量值都趋于零,$\stackrel{\frown}{D'nD}$ 和 $\angle D'CD$ 分别趋于 $\stackrel{\frown}{CnD}$ 和 $\angle BCD$.这样,圆周角 $D'CD$ 等于 $\stackrel{\frown}{D'nD}$ 弧度的一半的性质,可转化为弦切角 BCD 等于 $\stackrel{\frown}{CnD}$ 弧度的一半的性质.

§126　定理

（1）顶点位于圆内的角（∠ABC，图 141）等于两弧（AC 和 DE）弧度和的一半，其中一条弧是这个角所对弧，另一条弧是其对顶角所对弧.

（2）顶点位于圆外且与圆相交的角（∠ABC，图 142）等于两弧（AC 和 ED）的弧度差的一半.

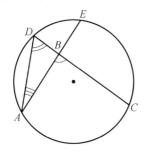
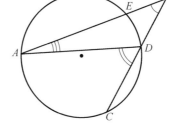

图 141　　　　　　　　　　　　　　图 142

作弦 AD（在每个图上），得到 $\triangle ABD$，当三角形顶点在圆内时，$\angle ABC$ 是外角，当三角形顶点在圆外时，$\angle ABC$ 是内角. 在第一种情况下，$\angle ABC = \angle ADC + \angle DAE$；在第二种情况下，$\angle ABC = \angle ADC - \angle DAE$. 又 $\angle ADC$，$\angle DAE$ 分别等于 $\overparen{AC}$，$\overparen{DE}$ 的弧度的一半. 因此，在第一种情况下，$\angle ABC$ 等于 $\frac{1}{2}\overparen{AC} + \frac{1}{2}\overparen{DE} = \frac{1}{2}(\overparen{AC} + \overparen{DE})$ 的弧度；在第二种情况下，$\angle ABC$ 等于 $\frac{1}{2}\overparen{AC} - \frac{1}{2}\overparen{DE} = \frac{1}{2}(\overparen{AC} - \overparen{DE})$ 的弧度.

练　　　习

计算问题：

258. 计算 $\frac{1}{12}$ 圆弧所对的圆周角.

259. 一个圆被一条弦以 5∶7 比例分割成两个弓形. 计算这两个弓形角.

260. 两条弦相交所成角为 $36°15'30''$. 用度，分，秒表示这个角及其对顶角所对弧，其中一条弧的长度是另一条弧的 2/3.

261. 过圆外一点作圆的两条切线，两切线夹角为 $25°15'$. 计算两切点之间的弧度.

262.圆内一条弦以 3：7 比例将圆分割,计算弦切角.

263.两个半径相同的圆相交于角 60°.计算交点之间的劣弧度数.

注:定义两个相交弧所成角为过交点的切线所成角.

264.过直径的一个端点作圆的切线,使其与过另一个端点的割线成 20°30′ 角.计算切线和割线包含的劣弧弧度.

求几何轨迹:

265.过定点 A 作过另一个定点的直线的垂线,求垂足的几何轨迹.

266.过圆内一定点的弦的中点的几何轨迹.

267.在定角内的圆上的点的轨迹(即过圆外一点作圆的两条切线,使给定圆两条切线的夹角等于给定角).

证明定理:

268.如果两圆相切,那么过切点的任意割线交两个圆的弧所对圆周角相等.

269.证明若过两圆切点作两条割线,则连接两条割线端点的弦平行.

270.两圆交于点 A 和点 B,过点 A 作割线与圆交于点 C 和点 D.证明 $\angle CBD$ 是常量,即对任意割线 $\angle CBD$ 都不变.

271.在以 O 为圆心的圆中,作弦 AB,并延长线段 BC 等于半径.过点 C 和圆心 O,作割线 CD,其中 D 是割线与圆的第二个交点.证明 $\angle AOD = 3\angle ACD$.

272.过圆上一点 A,作圆的切线和弦 AB.垂直于半径 OB 的直径与切线和弦(或延长线)分别交于点 C 和点 D.证明 $AC = CD$.

273.过点 P 作圆的两条切线 PA 和 PB,BC 为直径.求证 $CA \parallel OP$.

274.两圆相交,过其中一个交点作两个圆的直径.证明连接两条直径端点的直线过两圆的另一个交点.

275.直径 AB 和弦 AC 成 30° 角.过点 C,作切线与 AB 延长线交于点 D.证明 $\triangle ABC$ 是等腰三角形.

第 5 节　作 图 问 题

§ 127　问题

已知直角三角形的斜边 a 和一条直角边 b,构造直角三角形(图 143).

在直线 MN 上,记 $AB = a$,并作一个直径为 AB 的半圆.(将 AB 等分,取中点为半圆圆心,半径为 $\frac{1}{2}AB$.）接下来以 A（或 B）为圆心,以 b 为半径画弧.连接弧与半圆的交点 C 和直径 AB 的端点.$\triangle ABC$ 即为所求,因为 $\angle C$ 是直角（§124）,a 是斜边,b 是直角边.

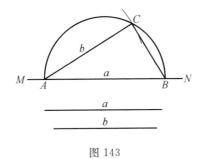

图 143

§128　问题

在端点 A 处作射线 AB（图 144）的垂线,且射线只沿一侧延长.

取直线 AB 外的任意一点 O,以点 O 为圆心,以线段 OA 长为半径画圆,与射线 AB 交于点 C.过点 C,作直径 CD,连接直径端点 D 和点 A.直线 AD 即为所求垂线,因为 $\angle A$ 是直角（因为直径所对圆周角是直角）.

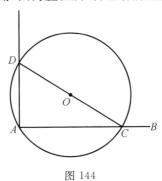

图 144

§129　问题

过一定点作一定圆的切线.

考虑两种情况:

(1) 如图 145,定点(C) 在圆上.过该点作半径,在半径端点 C 处,作半径的垂线 AB(例如,前一问题的解法).

(2) 如图 146,定点(A) 在定圆外.连接圆心 O 与点 A,以 AO 为直径作圆,则这个圆与定圆交于点 B 和 B'.作直线 AB 和 AB'.这两条直线即所求切线,因为 $\angle OBA$ 和 $\angle OB'A$ 是直角(因为直径所对圆周角是直角).

推论　从圆外一点作圆的两条切线段,这两条切线段相等,连接该点与圆心的直线平分切线夹角.这是由直角三角形 OBA 和 $OB'A$ 全等得到的(图 146).

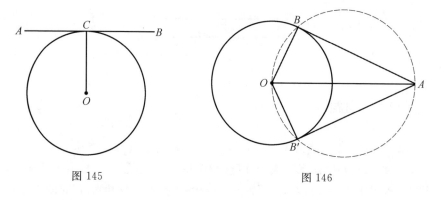

图 145　　　　　　　　　　　　　　图 146

§130　问题

作两个定圆的公切线(图 147).

(1) **分析**.假设问题已经解决.设 AB 是公切线,A 和 B 是切点.显然,如果我们找到这两个点中的一个点,例如点 A,那么我们可以很容易地找到另一个切点.连接半径 OA 和 $O'B$.这两条半径垂直于公切线,彼此平行.因此,如果过

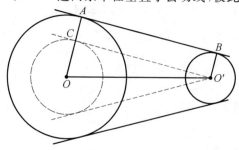

图 147

98

点 O' 作与 AB 平行的直线 $O'C$, 那么 $O'C \perp OC$. 因此, 如果以点 O 为圆心以 OC 为半径画圆, 则 $O'C$ 将与此圆在点 C 处相切. 这个辅助圆的半径是 $OA - CA = OA - O'B$, 即等于定圆的半径之差.

　　作图. 因此, 作图步骤如下所示, 以 O 为圆心以定圆半径之差为半径画圆. 过点 O' 作此圆的切线 $O'C$. 过点 C 作半径 OC, 并延长半径与定圆交于点 A. 最后, 过点 A 作直线 $AB \parallel CO'$.

　　研究. 当圆心 O' 位于辅助圆的外部时, 这种作图也是可以的. 在这种情况下, 我们得到两条公切线, 分别平行于从点 O' 到辅助圆的两条切线. 这两条公切线叫作外公切线.

　　当点 O' 在辅助圆的外部时, 线段 OO' 必须大于给定圆的半径之差. 根据 §120 的结果, 除两圆内含之外, 这是正确的. 当两圆内含时, 显然这两个圆没有公切线. 当圆有一条内切线时, 显然连心线在切点处的垂线是圆的唯一公切线. 从而, 也就是说, 当两圆不内含时, 我们已经看到, 存在两条外公切线.

　　如图 148, 当两个定圆不相交, 即当 OO' 大于给定半径之和时, 也存在两条内公切线.

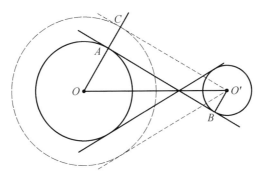

图 148

　　(2) **分析**. 假设问题已经解决, 设 AB 是公切线. 在切点 A 和 B 处分别作半径 OA 和 $O'B$. 这两条半径垂直于公切线, 所以互相平行. 这样, 如果我们过点 O' 作直线 $O'C \parallel BA$, 并延长半径 OA 与 $O'C$ 交于点 C, 则 $OC \perp O'C$. 因此, 以 O 为圆心, OC 为半径的辅助圆与直线 $O'C$ 相切于点 C. 辅助圆的半径为 $OA + AC = OA + O'B$, 即等于已知圆的半径之和.

　　作图. 因此, 作图步骤如下所示: 以 O 为圆心, 以定圆半径之和为半径画圆. 过点 O' 作辅助圆的切线切于点 C. 连接切点 C 与点 O, 并过直线 OC 与圆的交点 A, 作直线 $AB \parallel CO'$.

第二条内公切线平行于点 O' 到辅助圆的另一条切线,并且可以类似地作图.

当线段 OO' 等于给定圆半径之和时,两定圆有一条外公切线($\S 120$).这样,显然,过切点且垂直于连心线的直线是两圆唯一的内公切线.最后,当两圆重叠时,不存在内公切线.

§131 问题

在给定线段 AB 上,构造给定弓形角的弓形(图 149).

分析.假设问题已经解决,并且令弓形 AmB 的弓形角等于角 α,即令任意圆周角 $\angle ACB$ 等于给定角 α,点 C 在弓形弧上.作辅助线 AE 与圆相切于点 A.那么由切线与弦 AB 形成的 $\angle BAE$ 也等于 $\angle ACB$,因为二者均为 $\overset{\frown}{AnB}$ 所对圆心角的一半.我们现在在考虑:圆心 O 在弦 AB 的垂直平分线 DO 上,同时也在垂直于切线(AE),垂足为切点的垂线(AO)上.作图过程如下.

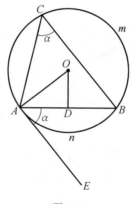

图 149

作图.以线段 AB 的端点 A 为顶点,作 $\angle BAE$ 等于 α.过线段 AB 的中点作垂线 DO,过点 A,作 AE 的垂线.以两垂线的交点 O 为圆心,以 AO 为半径作圆.

证明   内接于弓形 AmB 上的任意角等于 $\overset{\frown}{AnB}$ 所对圆心角的一半,并且这个弧所对圆心角的一半等于 $\angle BAE = \angle \alpha$.因此,$AmB$ 即为所求弓形.

注   如图 149,在线段 AB 上侧构造弓形 AmB 使得弓形角等于给定角 α.还可构造另一个弓形与弓形 AmB 关于 AB 对称.因此可以说,满足与给定线段 AB 所成角等于给定角的顶点的几何轨迹由两个弓形的弧组成,每一个弓形角都等于给定角,且关于 AB 互相对称.

§132　几何轨迹法

许多作图问题可以利用几何轨迹的概念成功解决.这种方法最早见于柏拉图(前 4 世纪),具体内容如下.假设要解决这样一个问题:寻找一个满足已知条件的点.首先放弃其中一个条件,问题就变成了不定性的:它可能有无穷多种解决方法,即存在无穷多个点满足其余条件.这些点形成了几何轨迹.如果可以的话就构造这个轨迹.接着加上先前舍弃的条件,再舍弃一个异于先前选择的条件,又将有无穷多个点满足条件,这些点会形成另一个几何轨迹.如果可以就构造这个轨迹.一个满足所有初始条件的点一定同时在两个轨迹上,即,它一定是二者的交点.这种构造是否可行取决于两个轨迹是否有交点.问题的解的个数等于交点的个数.让我们举例论证这种方法,这表明在已知图形上添加辅助线是有用的.

§133　问题

构造满足如下条件的三角形,已知底边长为 a,顶角 A,两腰之和等于 s.

如图 150,设 $\triangle ABC$ 为所求三角形.为了在图形中表示给定的其余两边之和.延长 BA 并截取 $BM = s$.连接点 M 和点 C,可得辅助三角形 BMC.如果我们可以构造出三角形 BMC,那么就很容易得到所要求的三角形 ABC.事实上,注意到三角形 CAM 是等腰三角形($AC = AM$),因此,点 A 即 BM 与线段 MC 的垂直平分线的交点.

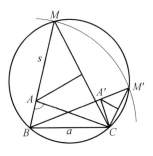

图 150

构造三角形 BMC 的关键是找到点 M.因为三角形 CAM 是等腰三角形,有

$\angle MCA = \dfrac{1}{2}\angle BAC$. 可以看到,点 M 必须满足两个条件:(1) 点 M 到点 B 的距离为 s;(2) 以 M 为顶点的角,其两边过线段 BC 的端点,且大小等于 $\dfrac{1}{2}\angle A$. 因此点 M 是两个轨迹的交点,并且我们知道如何构造每个条件的几何轨迹. 当这些轨迹不相交时,问题无解,问题有一个解或者两个解取决于轨迹相切或者相交. 在我们的图形中,我们得到了两个满足问题要求的全等三角形 ABC 和 $A'BC$.

有时问题会要求找到一条满足一些条件的直线(而不是一个点). 去掉一个条件,我们能够得到无穷多条满足剩余条件的直线,也许所有的直线都能用一条曲线描述(例如,所有的直线都与一条确定的曲线相切). 加上前面舍弃的条件,再去掉异于前面舍弃的另一个条件,我们又会得到无穷多条直线,这些直线确定了另一条曲线. 如果可以就将这两条曲线构造出来,由这两条曲线共同确定了所求直线. 下面举例说明.

102

§134　问题

作圆 O 和 O' 的一条割线,使得割线在两圆内部的线段分别等于已知线段 a 和 a'.

如果我们只考虑一个条件,例如,割线在圆 O 内的线段等于 a,那么我们将得到无穷多条割线,圆心到这些割线的距离相等(因为圆心到等弦的距离相等). 因此,如果我们在圆 O 内作弦长等于 a 的弦,构造一个圆 O 的同心圆,其半径等于圆心到弦的距离. 那么问题中所有的割线将与这个辅助圆相切. 类似的,如果只考虑第二个条件,我们将看到,要求的割线必须与第二个与圆 O' 同心的辅助圆相切. 因此,此问题可转换为构造两辅助圆的公切线.

练　　习

证明定理:

276.已知两圆外切,证明过切点的公切线平分外公切线段,其中线段的端点为两圆上的切点.

277.两圆外切于点 A,已知外公切线 BC(其中 B 和 C 均为切点). 证明 $\angle BAC$ 为直角.

提示:过点 A 作公切线并考虑三角形 ABD 和 ADC 的关系.

作图问题:

278.给定两点,作一条直线,使得这两点到这条直线的垂线段等于给定长度.

279.作一条直线,使之与已知直线成一定角,并与给定圆相切.(有多少种做法?)

280.自圆外一点作圆的一条割线,使得割线在圆内的线段等于给定线段.

281.作半径为给定长度的圆,使之与已知直线和已知圆均相切.

282*.作与已知直线相切的圆,并与已知圆相切于给定点.(两种做法)

283.作与已知圆相切的圆,并与已知直线相切于给定点.(两种做法)

284.作半径为给定长度的圆,并与给定角的两边相交,截得给定长度的弦.

285.作与给定的两圆均相切的圆,并与其中一个圆在给定点处相切.(考虑三种情况:(1)要求的圆包含两个已知圆;(2)要求的圆包含二者之一;(3)要求的圆不包含二者.)

286.作一个圆,使之与三个全等圆均相切(外切或内切).

287*.在给定圆内,做三个两两相切的圆,且均与给定的圆相切.

288*.过圆内一定点作一条弦,使得定点分割弦所得两条线段的差与给定线段长度相等.

提示:过定点作同心圆,在新圆内构造给定长度的弦.

289.过两圆的一个交点,作一条割线,使之在给定圆内的线段等于定长.

提示:以连接两圆圆心的线段为斜边作直角三角形,且其中一条直角边长度为定长的一半.

290.过圆外一点,作一条切割圆的射线,使得该点到圆周的线段等于圆内线段.

提示:设 O 为圆心,R 为半径,A 为一定点.作 $\triangle AOB$,其中 $AB=R$,$OB=2R$.如果 C 是割线 OB 的中点,那么线段 AC 即为所求.

291.作与两条互不平行的直线均相切的圆:(1)如果半径已知;(2)如果其中一个切点已知.

292.在一条给定直线上找到一点,过这一点作直线与给定直线成定角.

293.已知三角形的底,顶角和高,构造这个三角形.

294.已知三角形的一个内角和两条边上的高,其中一条高过一定点,构造这个三角形.

295.作给定扇形弧的切线,使切线与半径延长线交点至切点间的线段等于给定线段.

提示:把这个问题归纳为前一个问题.

296.已知三角形的顶角,底边和底边中线,构造这个三角形.

297.在平面上给定两条位置确定的线段 a 和 b,找到一点,使得过这点的直线与线段 a 成角 α,与线段 b 成角 β.

298.在一个给定的三角形中,找到一个点,过这一点的直线与三边所成角的角度相同.

299*.已知三角形的顶角,底边的高线和中线,构造这个三角形.

提示:从底边中点一端延长至二倍长度,连接终点与底边两端点,考虑得到的平行四边形.

300*.已知三角形的底边与底边上的两个角以及从第一个给定角的顶点引出的中线与这个角的对边的夹角,构造这个三角形.

301.已知平行四边形的对角线和一个内角,构造这个平行四边形.

302*.已知三角形的底边,顶角和其他两边的和或差,构造这个三角形.

303.已知四边形的两条对角线,两条相邻边和另两边的夹角,构造这个四边形.

304*.已知三点 A,B,C,过点 A 作直线,使得点 B 和点 C 到这条直线的垂线段等于给定线段.

第 6 节　　内接多边形和外切多边形

§135　　定义

如果一个多边形($ABCDE$,图 151)的所有顶点都在一个圆上,那么称这个多边形内接于这个圆,称这个圆外接于这个多边形.

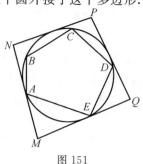

图 151

如果一个多边形($MNPQ$,图 151)所有的边都与一个圆相切,那么称这个多边形外切这个圆,这个圆内切于这个多边形.

§136　定理

(1) 任何三角形有且仅有一个外接圆.

(2) 任意三角形内,有且仅有一个内切圆.

(1) 任意三角形的顶点 A,B,C 不共线. 由 §104 的结论,不共线的三点共圆,且这样的圆是唯一的.

(2) 如图 152,如果存在一个与三角形 ABC 三边均相切的圆,那么圆心到三边的距离一定相等.

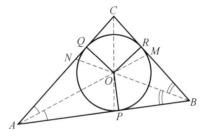

图 152

我们证明这样的点是存在的. 到边 AB,AC 的距离相等的点的轨迹是 $\angle A$ 的平分线 AM(§58). 到边 BA,BC 的距离相等的点的轨迹是 $\angle B$ 的平分线 BN. 显然,这两条角平分线会在三角形内部交于点 O. 这一点到三角形各边距离相等,因为它同时位于满足两个条件的点的几何轨迹上. 因此,为了在三角形内找到这样的一个圆,将三角形其中两个角,如 A 和 B 的角平分线的交点作为圆心,垂线段 OP,OQ,OR,即圆心到各边的垂线段作为半径. 所得圆就与各边分别相切于点 P,Q,R,因为在这三点处,各边垂直于此圆半径,且垂足在圆上(§113). 不存在其他内切圆,因为两条角平分线的交点有且只有一个,过一点作直线的垂线有且只有一条.

注　我们把下面的问题留给读者证明:外接圆的圆心在三角形内部,当且仅当三角形是锐角三角形. 对于钝角三角形来说,外接圆的圆心在三角形的外部,对于直角三角形来说,外接圆的圆心是斜边中点. 内切圆的圆心一定在三角形的内部.

推论　如图 152,与边 CA,CB 距离相等的点 O 一定在 $\angle C$ 的角平分线上.

因此,三角形三个角的角平分线相交于一点.

§137　旁切圆

与三角形一边和其余两边的延长线均相切的圆(如图 153,这样的圆在三角形的外部)叫作旁切圆.每个三角形都有三个旁切圆.为了构造旁切圆,作三角形 ABC 的外角平分线,将其交点作为圆心.因此,$\angle A$ 的旁切圆的圆心是点 O,即,除了 $\angle A$ 外其余两角的外角平分线 BO 和 CO 的交点.这个圆的半径就是点 O 到三角形各边的垂线段.

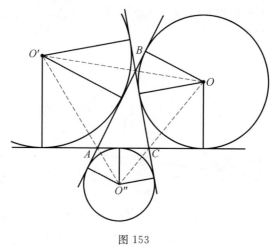

图 153

§138　内接四边形

(1) 在一个凸内接四边形中,对角互补.

(2) 相反的,如果一个凸四边形的对角互补,那么这个四边形内接于圆.

(1) 如图 154,设 $ABCD$ 是一个内接凸四边形,求证

$$\angle B + \angle D = 180° \text{ 且 } \angle A + \angle C = 180°$$

因为任意凸四边形的四角之和都等于 $360°$(§82),那么只要证明上述两个等式之一即可,不妨证明 $\angle B + \angle D = 180°$.

作为圆周角,$\angle B$ 等于 $\overset{\frown}{ADC}$ 所对圆心角的一半,$\angle D$ 等于 $\overset{\frown}{ABC}$ 所对圆心角的一半.因此,$\angle B + \angle D$ 等于 $\frac{1}{2}\overset{\frown}{ADC} + \frac{1}{2}\overset{\frown}{ABC}$ 的弧度,即等于 $\frac{1}{2}(\overset{\frown}{ADC} +$

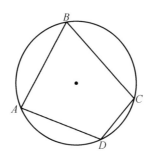

图 154

$\overparen{ABC}$）的弧度，也就是半圆. 因此，$\angle B + \angle D = 180° = 2d$.

（2）如图 154，设 $ABCD$ 是一个凸四边形，且 $\angle B + \angle D = 2d$，因此，$\angle A + \angle C = 2d$. 求证这个四边形外接于圆.

过四边形的任意三个顶点，如过 A, B, C 作一个圆（这总是成立的），则第四个顶点 D 一定在这个圆上. 事实上，如果第四个点不在这个圆上，那么这个点就在圆内或圆外. 在任意一种情况下，$\angle D$ 都不等于 $\overparen{ABC}$ 弧度的一半，因此，$\angle B + \angle D$ 不等于 $\dfrac{1}{2}(\overparen{ADC} + \overparen{ABC})$ 的弧度. 因此，$\angle B + \angle D$ 就不等于 $2d$，与假设矛盾.

推论　（1）在所有的平行四边形中，只有矩形可以内接于圆.

（2）一个梯形可内接于圆当且仅当该梯形是等腰梯形.

§139　外切四边形

圆的外切四边形的两组对边之和相等.

如图 155，设 $ABCD$ 是圆的外切四边形，即每条边都与圆相切. 求证 $AB + CD = BC + AD$.

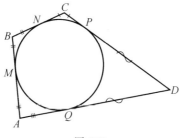

图 155

用字母 M,N,P,Q 表示切点. 由于同一点引圆的两条切线段相等, 所以有 $AM=AQ,BM=BN,CN=CP,DP=DQ.$ 因此, $AM+MB+CP+PD=AQ+QD+BN+NC$, 即 $AB+CD=BC+AD.$

练　　习

305. 在给定圆中, 作已知内角的内接三角形.

306. 在给定圆中, 作已知内角的外切三角形.

307. 已知三角形外接圆的半径、三角形的顶角和高, 构造这个三角形.

308. 在给定圆中作内接三角形, 已知三角形的两边之和与其中一边的对角.

309. 在给定圆中作内接四边形, 已知四边形的一边和不与此边相邻的两个角.

310. 在给定菱形中作内切圆.

311. 在给定扇形中作内切圆, 使得圆与扇形半径相切, 与弧相切.

312*. 在一个等边三角形内作三个两两相切的圆, 且每个圆都与三角形的两边相切.

313. 已知四边形的三条边和一条对角线, 并内接于圆, 构造这个四边形.

314. 已知菱形的边和内切圆的半径, 构造这个菱形.

315. 在给定圆上作外切等腰直角三角形.

316. 已知三角形的底边和外接圆的半径, 作等腰三角形.

317*. 过圆上的两定点, 作两条平行弦, 其中两弦长之和已知.

318*. 在等边三角形 ABC 的外接圆上, 取一点 M. 证明 MA,MB,MC 中最长线段等于另外两个线段的和.

319*. 过三角形外接圆上异于三角形顶点的任意一点作三角形三边的垂线, 则三垂足共线(称为西姆森线).

提示: 此证明是基于圆周角(§123)和内接四边形内角(§138)的性质.

第 7 节　　三角形的四个特殊点

§140　　已知

(1)三角形三条边的垂直平分线相交于一点(即外接圆的圆心, 通常称为三角形的外心).

(2) 三角形三个内角的角平分线相交于一点(即内切圆的圆心,通常称为三角形的内心).

以下两个定理指出了三角形中另外两个值得注意的点.

(3) 三条高线的交点.

(4) 三条中线的交点.

§141　定理:三角形的三条高线交于一点

如图 156,过 $\triangle ABC$ 的每个顶点,作一条平行于三角形对边的直线.这样我们得到一个辅助三角形 $A'B'C'$,其各边与给定三角形的高线分别垂直.因为 $C'B = AC = BA'$(平行四边形的对边),则点 B 是边 $A'C'$ 的中点.同理可得 C 是 $A'B'$ 的中点,A 是 $B'C'$ 的中点.因此,$\triangle ABC$ 的高 AD,BE,CF 是 $\triangle A'B'C'$ 各边的垂直平分线,由 §104 结论知,三条垂线相交于一点.

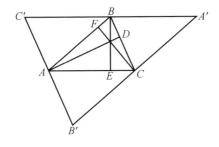

图 156

注　三角形三条高线的交点称为垂心.读者可以证明,锐角三角形的垂心在三角形内,钝角三角形的垂心在三角形外,直角三角形的垂心与直角顶点重合.

§142　定理:三角形三条中线交于一点;该点到对边的
###　　　　距离等于中线的三分之一

如图 157,在 $\triangle ABC$ 中,任取两条中线,如 AE 和 BD,交于点 O,证明:

$$OD = \frac{1}{3}BD, \quad OE = \frac{1}{3}AE.$$

为此取 OA 和 OB 的中点 F,G,并考虑四边形 $DEGF$.因为连接 $\triangle ABO$ 两

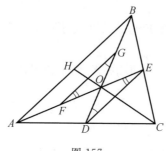

图 157

边中点的线段 FG,有 $FG /\!/ AB$,$FG = \dfrac{1}{2}AB$. 同理,连接 $\triangle ABC$ 两边中点的线

段 DE,$DE /\!/ AB$,$DE = \dfrac{1}{2}AB$. 由此我们得出结论,$DE /\!/ FG$,$DE = FG$,因此四

边形 $DEGF$ 是一个平行四边形($\S 86$). 即 $OF = OE$,$OD = OG$,即 $OE = \dfrac{1}{3}AE$,

$OD = \dfrac{1}{3}BD$.

110

我们现在考虑如果第三条中线和其中一条中线 AE 或 BD,那么同样可以发现这两条中线的交点到对边的距离等于中线长的三分之一. 因此第三条中线必然与中线 AE 和 BD 交于同一点 O.

注 （1）从物理学上可以知道,三角形三条中线的交点是三角形的质心（或质心）,也称为重心；它总是在三角形内部.

（2）三条（或三条以上）直线交于一点,称为共点直线. 为此我们可以说,三角形的垂心、重心、内心和外心分别是三角形各边高线、中线、角平分线和垂直平分线的交点.

练　习

320. 已知三角形的底边和从底边端点引出的两条中线,作三角形.

321. 已知三角形的三条中线,作三角形.

322. 延长圆内接三角形各角平分线与定圆交于三个定点.

323. 延长圆内接三角形各边高线与定圆交于三个定点.

324*. 已知三角形外接于圆,及从同一顶点引出的高线、角平分线和中线与圆相交的三个点,作三角形.

325*. 连接给定三角形三条高线与底边的交点,得到一个新的三角形,证明原三角形的高线为新三角形的角平分线.

326*.证明:三角形的重心在连接外心和垂心的线段上,并且连接重心与外心的线段占总线段的三分之一.

注:这条线段称为三角形的欧拉线.

327*.证明:对于任意三角形,以下九个点共圆(称为欧拉圆,或三角形的九点圆):三条边的三个中点,高线的三个垂足以及连接垂心和三角形顶点的三条线段的三个中点.

328*.证明对于任意三角形,欧拉圆的圆心都在欧拉线上,并平分欧拉线.

注:此外,根据费尔巴哈定理,对任意三角形,九点圆与内切圆以及三个旁切圆相切.

第3章 相 似

第1节 测 度

§143 测量问题

到目前为止,比较两条线段,我们能够确定这两条线段是否相等,如果不等,哪一条线段更长(§6).在研究三角形的边与角之间的关系(§44,45)、三角形不等式(§48~50)和其他一些命题(§51~53,109~111,120)时,我们已经遇到了这个问题,但这样的线段比较并不能提供关于其大小的准确概念.

现在我们提出的问题是,精确地给出线段长度的概念,并用数字表示线段长度.

§144

两条线段的公测度是存在第三条线段,使得前两条线段都是第三条线段的整数倍,没有余数.因此,如图158,如果线段 AB 包含5倍的线段 AM,线段 CD 包含3倍的线段 AM,则线段 AM 就是 AB 和 CD 的公测度.类似地可讨论同一半径的两段弧的公测度,两个角的公测度,更一般地说,还有任意两个相同定义域的量的公测度.

图 158

显然,如果线段 AM 是 AB 和 CD 的公测度,那么将 AM 二等分、三等分、四等分 ……,我们就可以得到线段 AB 和 CD 的较小公测度.

因此,如果两条线段有一个公测度,可以说它们有无穷多个公测度,其中必有一个公测度是最大公测度.

§145 最大公测度

求两条线段的最大公测度采用连续穷竭法,与求两个整数最大公因数的算术运算连续除法十分相似. 该方法(也称为欧几里得算法)基于以下一般事实.

(1) 如图 159,如果两条线段(a 和 b)中的较长线段包含整数倍的较短线段,且没有多余线段,则两条线段的最大公测度就是较短线段.

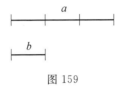

图 159

设线段 a 包含整数倍的线段 b,比如说3倍. 当然,线段 b 包含 1 倍的线段 b,所以 b 是 a 和 b 的一个公测度.这个公测度是最大公测度,因为 b 不包含整数倍的长度大于 b 的线段.

(2) 如图 160,如果两条线段中较长线段(a)包含整数倍的较短线段(b),并有余线段(r),则这两条线段的最大公测度(如果存在)等于较短线段(b)和余线段(r)的最大公测度.

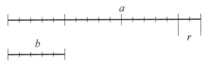

图 160

例如:$a = b + b + b + r$,我们可以从这个等式得出两个结论:

① 如果存在一条线段,其若干倍整除 b(无余数),若干倍整除 r,则这条线段的若干倍也整除 a. 例如,如果 b 包含 5 倍的该线段,r 包含 2 倍的该线段,则 a 恰好包含 $5 + 5 + 5 + 2 = 17$ 倍的该线段.

② 相反的,如果存在一条线段,其若干倍整除 a 和 b(无余数),则这条线段的若干倍也整除 r. 例如,如果线段 a 包含 17 倍的该线段,b 包含 5 倍的该线段,则在线段 a 包含 $3b$ 即 15 倍的该线段. 因此,在 a 的余线段 r 中,包含 $17 - 15 = 2$ 倍的该线段.

因此,两组线段:a 和 b,b 和 r,有相同的公测度(如果存在),因此它们最大

113

公测度也必然相同.

这两个定理应该由下列阿基米德公理加以补充:

无论较长线段多么长（a），较短线段多么短（b），连续地从长线段中减去 1 倍的、2 倍的、3 倍的 …… 较短线段，可以发现，经过 m 次减法后，或者没有余线段，或者有一个余线段小于较短线段（b）.换句话说，总是可以找到一个足够大的整数 m，使得 $mb = a$ 或 $mb < a < (m+1)b$.

§146　欧几里得算法

求两条给定线段 AB 和 CD 的最大公测度（图 161）.

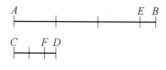

图 161

使用圆规，在较长线段上尽可能多地截取线段等于较短线段.根据阿基米德公理，两个结果中必有一个出现：(1) 线段 AB 包含数倍的线段 CD，无余线段，则根据 §1，所求测度是 CD，或者(2) 存在小于 CD 的余线段 EB（图 161）.根据 §2，将这个问题简化为只要找到两条较短线段的最大公测度，即 CD 和余线段 EB.要求最大公测度，与前面做法一样，即通过在 CD 上尽可能多地截取线段 EB.同样，两个结果中必有一个出现：(1) 线段 CD 包含数倍的线段 EB，无余线段，所求公测度是 EB，或者(2) 存在小于 EB 的余线段 FD（图 161）.然后将问题归结为找到另一组较短线段的最大公测度，即线段 EB 和第二条余线段 FD.

继续这个过程，我们会遇到以下两种情况之一：

① 经过一些穷竭步骤后，无余线段，或

② 连续穷竭过程将无限地进行（假设我们可以根据需要标记尽可能短的线段，当然，这在理论上是可以的）.

在前一种情况下，最后的余线段是给定线段的最大公测度.类似地可找到同一半径的两段弧的最大公测度，两个角的最大公测度等.

在后一种情况下，给定线段没有公测度.为了说明这一点，我们假设给定线段 AB 和 CD 有一个公测度，则线段 AB 和 CD 必然包含数倍的公测度，而且余线段 EB 也包含整数倍的公测度，因此第三条余线段，第四条余线段 …… 都如此.由于这些余线段越来越短,每条余线段都将包含比前一个更小的公测度.例如,如果 EB 包含 100 倍的公测度(通常为 m 倍),则 FD 包含的倍数少于 100,即最多 99 倍.下一条余线段包含的倍数少于 99,即最多 98 倍.依次类推.由于正整数的递减数列:$100,99,98,\cdots$(一般地 $m,m-1,m-2,\cdots$)会终止(无论 m 多么大),那么连续穷竭过程也随之终止.也就是说,没有余数.因此,如果连续穷竭过程永远不结束,那么给定线段就没有公测度.

§147　可通约和不可通约线段

如果两条线段有公测度则称这两条线段可通约,如果不存在公测度,则称这两条线段不可通约.

不可通约线段的存在性不能通过实验来获得.在无穷尽的连续穷竭过程中,我们总是会得到一个很短的余线段,使得前一条余线段包含数倍的后一条余线段:我们的工具(圆规)和感官(视觉)的局限性使我们无法确定是否还有余线段.然而,不可通约线段确实存在,正如我们即将证明的那样.

§148　定理:正方形的对角线与其边是不可通约的

因为对角线将正方形分为两个等腰直角三角形,则该定理可重新表述为:等腰直角三角形的斜边与其直角边是不可通约的.

下面首先证明等腰直角三角形的下列性质:如图 162,若在 $\triangle ABC$ 的斜边 AC 上截取线段 AD 等于直角边,作 $DE \perp AC$,则直角三角形 DEC 为等腰直角三角形,则直角边 BC 的子线段 BE 等于斜边的子线段 DC.

要证明这个性质,作直线 BD,考虑 $\triangle DEC$ 和 $\triangle BED$ 的内角.因为三角形 ABC 是等腰直角三角形,有 $\angle 1 = \angle 4$,则 $\angle 1 = 45°$.从而在直角三角形 DEC 中 $\angle 2 = 45°$,从而 $\triangle DEC$ 有两个相等的角,即有两条相等的边 DE 和 DC.

此外,在 $\triangle BED$ 中,$\angle 3 = \angle B - \angle ABD$,$\angle 5 = \angle ADE - \angle ADB$,$\angle B$ 和 $\angle ADE$ 是直角.又 $\angle ADB = \angle ABD$(因为 $AB = AD$),因此 $\angle 3 = \angle 5$.从而 $\triangle BED$ 是等腰三角形,则有 $BE = DE = DC$.

已知这个性质,我们对线段 AB 和 AC 应用欧几里得算法.

因为 $AC > AB$,$AC < AB + BC$,即 $AC < 2AB$,则斜边 AC 只包含一倍的直角边 AB,余线段是 DC.接下来,用余线段 DC 穷竭 AB 或等价地,穷竭 BC.但由上述过程知 $BE = DC$.所以我们需要在 EC 上截取 DC.但 EC 是等腰直角三

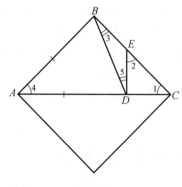

图 162

角形 DEC 的斜边. 因此现在欧几里得算法简化为用等腰直角三角形 DEC 的直角边 DC 穷竭斜边 EC. 继续这个过程, 问题将转化为用更小的等腰直角三角形的直角边去穷竭斜边, 依次类推, 无限进行下去. 显然, 这个过程永不终止, 所以线段 AB 和 AC 不存在公测度.

116

§149　线段长度

一条线段的长度用一个数来表示, 这个数是通过将这条线段与另一条称为长度单位的线段进行比较得到的, 例如米、码或英寸.

如图 163, 假设我们用单位 b 测量给定线段 a, 且与 a 可通约. 若 a 和 b 的最大公测度是单位 b 本身, 则 a 的长度用整数表示. 例如, 当 a 包含 3 倍的 b 时, 则说 a 的长度等于 3 单位(即 $a = 3b$). 若 a 和 b 的最大公测度小于 b, 则 a 的长度用分数表示. 例如, 若 $\frac{1}{4}b$ 是一个公测度, 且 a 包含 9 倍的公测度, 则 a 的长度等于 9/4 单位(即 $a = \frac{9}{4}b$).

整数和分数统称为有理数.

因此, 与长度单位可通约的线段, 其长度是有理数, 这说明一条给定线段包含多少倍的单位分数.

§150　近似值

古希腊人发现了不可通约线段. 一般来说, 这表明用有理数表示线段长度

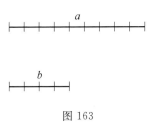

图 163

是不合理的.例如,参照 §148 的结果,当正方形的边长是长度单位时,没有一个有理数可表示正方形的对角线长,

间接地用与 a 不可通约的单位 b 测量线段 a:用单位 b 测量与线段 a 相差很小的线段,而不直接测量 a.也就是说,假设我们想要找到一条与单位 b 可通约的线段,其与 a 的差小于 $\frac{1}{10}b$.如图 164,将单位 b 10 等分,用 $\frac{1}{10}b$ 穷竭 a.假设线段 a 包含 13 倍的 $\frac{1}{10}b$ 并有小于 $\frac{1}{10}b$ 的余线段.这样得到小于 a 的线段 a' 与 b 可通约.再加上 $\frac{1}{10}b$,得到大于 a 的线段 a'' 与 b 可通约.线段 a' 和 a'' 的长度分别为 13/10,14/10.这两个数字都认为是线段 a 的近似值,第一个数是不足近似值,第二个数是过剩近似值.因为 a',a'' 与 a 的差都小于 $\frac{1}{10}b$,可以说长度近似值的精确度高达 $\frac{1}{10}$(或误差小于 $\frac{1}{10}$).

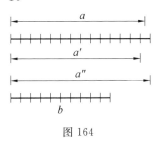

图 164

一般地,求线段 a 的长度近似值使其精确度高达单位 b 的 $\frac{1}{n}$,将单位 n 等分,再求 a 包含多少倍的 $\frac{b}{n}$.如果 a 包含 m 倍的 $\frac{b}{n}$ 并有一个小于 $\frac{b}{n}$ 的余线段,则有理数 $\frac{m}{n}$,$\frac{m+1}{n}$ 即为线段 a 的长度近似值,其精确度高达 $\frac{1}{n}$,第一个数是不足近似值,第二个数是过剩近似值.

§151　无理数

与长度单位不可通约的线段,其长度是无理数.①有时也可用下面构造的无穷小数表示.连续计算线段 a 长度的不足近似值,其精确度分别为 $0.1, 0.01,$ $0.001,\cdots$,将精确度每次都以 10 倍减小,无限进行下去.这样,就能得到小数点后一位,后两位,后三位 $\cdots\cdots$ 的无限小数.

这个无限过程的结果就是无限小数.当然,无法在纸上将这个小数完全写出来,因为小数位置上的数字是无穷多的.然而,当确定十进制符号的任何有限数规则时,则认为无限小数是已知的.

因此,与长度单位不可通约的线段,其长度是一个无限小数,其有限小数是与单位可通约的线段长度,近似于给定线段长度,且误差小于单位的 $1/10,$ $1/100, 1/1\,000\cdots$

§152　注

(1) 同一无限小数也可通过对无理数的过剩近似得到.事实上,同一精确度的两个近似值,不足近似值和过剩近似值,仅小数最右面的数不同.当精确度改变时,最右面的数继续向右移动更远的位置,从而在两个分数中最右面的数前面的"小数符号"数列相同.

(2) 小数近似法同样适用于与长度单位可通约的线段.结果将是一个有理数,代表线段长度,表示法是一个(无限)小数.不难证明表示有理数的小数是循环小数,即在小数部分是一个有限数列,从某一位开始循环,按这样的方式一直到最右面一位数字.反过来,不难看出,每一个循环小数都是有理数.因此无理数是无限不循环小数(例如,与长度单位不可通约的线段长度).例如,小数 $\sqrt{2} = 1.414\,2\cdots$ 是不循环小数,众所周知,$\sqrt{2}$ 是无理数.

(3) 有理数和无理数统称为实数.因此无限小数,循环小数和不循环小数,都是(正)实数.

---

① 　无理数的第一个定义,通常归因于希腊数学家欧多克斯(前 408— 前 355),发现于欧几里得《几何原本》中第 5 卷.给定一条线段与长度单位不可通约,所有与单位可通约的线段(分别用分数 m/n 表示长度)分为两组:小于给定线段长度,大于给定线段长度.根据欧多克斯,无理数是所有有理数集合的一个划分(在现代术语中是一个分隔点).

§153　数轴

线段与表示其长度的实数之间的一一对应关系将实数表示为直线上的点. 如图 165,考虑射线 OA,在射线上找到一点 B,使得 OB 等于长度单位.找到一点 C,使得 OC 的长度相对于单位 OB 等于正实数 c,则称点 C 表示数轴上的数字 c.反过来,已知一个正实数,比如说 $\sqrt{2}$,它的有限小数近似值 $1.4,1.41$, $1.414,\cdots$ 是线段 $OD_1,OD_2,OD_3,\cdots$ 的长度,与单位可通约.这类线段的无穷序列逼近一条确切线段 OD,则这个正实数(本例中 $\sqrt{2}$)由数轴上的点 D 表示.

特殊的,点 B 表示数字 1,点 O 表示数字 0.

现在,延长射线 OA 至整条直线.如图 165,射线 OA' 上的点 C' 与射线 OA 上的点 C 关于点 O 对称,则称点 C' 表示负实数 $-c$,即正数的相反数由点 C 的对称点表示.

这样,所有实数:负的,0,正的都由数轴上的点表示.反过来,在直线上任选两点 O 和 B 分别表示数字 0 和 1,可得直线上的点与所有实数一一对应.

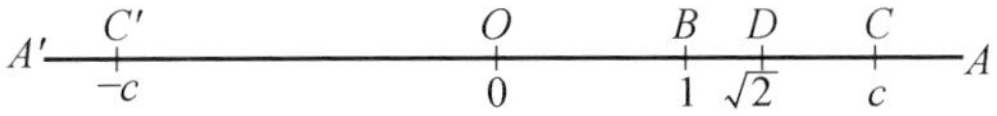

119

图 165

§154　线段比

定义一条线段与另一条线段的比是正实数,当第二条线段是长度单位时,正实数即为第一条线段的长.例如,如果两条线段 a 和 c,满足 $a=2.1c$,即如果用单位 c 测量线段 a,a 的长度是 2.1,则 2.1 就是 a 和 c 的比值.

如果线段 a 和 c 用同一单位 b 测量,则 a 比 c 等于线段 a 的长度比上线段 c 的长度.例如,若 a 和 c 的长度是 $7/2,5/3$,则有 $a=\dfrac{7}{2}b,c=\dfrac{5}{3}b$.取 c 为单位,有 $b=\dfrac{2}{5}c,a=\dfrac{7}{2}b=\dfrac{7}{2}\left(\dfrac{3}{5}c\right)=\left(\dfrac{7}{2}\times\dfrac{3}{5}\right)c=\left(\dfrac{7}{2}:\dfrac{5}{3}\right)c$.所以 a 比 c,即用单位 c 测量线段 a 的长度,等于 $\dfrac{7}{2}:\dfrac{5}{3}=\dfrac{7\times3}{2\times5}=\dfrac{21}{10}=2.1$.

两条线段比通常用 $a:c$ 或 $\dfrac{a}{c}$ 表示.由上述比率的性质,公式里的字母 a 和

c,可理解为由单位 b 测量的线段长度.

§155　比例

比例表示两个比值相等的式子.例如,若已知两条线段的比 $a:b$ 等于另两条线段的比 $a':b'$,则这个事实可用比例表示 $a:b=a':b'$,或 $\dfrac{a}{b}=\dfrac{a'}{b'}$. 在这种情况下,我们可以说这两组线段:$a$ 和 b,a 和 c 互成比例.

当两组线段成比例,即 $a:b=a':b'$,则 $a:a'=b:b'$,即两组线段 a 和 a',b 和 b' 也成比例(通过对原公式交换内项得到).

事实上,用同一单位测量的线段长度替换四条线段,得到下面的数值比例

$$\frac{a}{b}=\frac{a'}{b'} \text{ 和 } \frac{a}{a'}=\frac{b}{b'}$$

同一等式也可用乘积表示:$a \cdot b' = a' \cdot b.$

练　　习

329.若取周角为角测度单位,求 $1°$,$1'$,$1''$ 的测量值.

330.证明若 $a:b=a':b'$,则 $(a+a'):(b+b')=a:b.$

331.证明若 $a:a'=b:b'=c:c'$,则 $(a+b):c=(a'+b'):c'.$

332.证明若三角形的一条边是另两条边的公测度,则该三角形是等腰三角形.

333.证明圆的内接梯形周长与中位线是可通约的.

334.证明内接正六边形的周长与外接圆的直径可通约.

335.在三角形中,求两条线段的公测度:一条线段连接垂线和重心,一条线段连接垂线和外心.

336.证明两条线段的最大公测度包含其整数倍的公测度.

337.假设定圆上的两弧有最大公测度 α.演示如何用圆规作弧 α.思考例子:已知一段弧 $19°$,另一段弧 $360°$.

338.求两条线段的最大公测度:

(1)一条线段长 $1\,001$,另一条线段长 $1\,105$.

(2)一条线段长 $11\,111$,另一条线段长 $1\,111\,111$.

339.证明 $\sqrt{2}$,$\sqrt{3}$,$\sqrt{5}$ 是无理数.

340.计算 $\sqrt{5}$,精确到 $0.000\,1$.

341. 将 1/3,1/5,1/7,1/17 写作(有限或无限)小数.

342*. 证明有理数 m/n 表示有限小数或循环小数. 反过来,证明有限小数或循环小数是有理数.

343. 平行四边形的一个锐角等于 60°,它的钝角被对角线分为 3∶1. 求平行四边形邻边之比.

344*. 证明顶角为 36° 的等腰三角形的底边与腰是不可通约的.

提示:从顶角作角平分线,得到两个三角形,计算这两个三角形的内角.

第 2 节　相似三角形

§156　序言

在日常生活中,我们经常遇到同一形状但不同大小的图形. 通常称这样的图形相似. 因此,以不同大小洗印的同一张照片,或以不同比例制作的建筑物方案或城镇地图,都提供了相似图形的例子. 线段长度概念使我们能够精确地定义图形的几何相似,并提供了在保持图形形状不变的同时改变图形大小的方法. 在不改变图形形状的情况下,将这种图形大小的变化称为相似变换.

从简单情况入手研究,即相似三角形.

§157　对应边

我们考虑的三角形或多边形,满足其所有内角分别等于另一个三角形或多边形的所有内角. 在这类三角形或多边形中,我们将等角的边称为对应边(在三角形中,这些边是等角的对边).

§158　定义

称两个三角形相似,如果:(1) 一个三角形的所有内角分别等于另一个三角形的所有内角;(2) 两个三角形的对应边成比例. 这类三角形的存在性由下面引理①确定.

§159 引理

平行于给定三角形(ABC)任一条边(AC)的一条直线(DE,图166)与三角形相交,截得的三角形与原三角形相似.

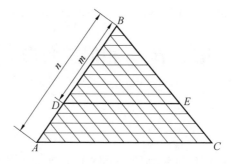

图 166

在 $\triangle ABC$ 中,设直线 DE 平行于边 AC.求证 $\triangle DBE$ 与 $\triangle ABC$ 相似.我们需要证明:(1) 内角分别相等;(2) 对应边成比例.

(1) 两个三角形的内角分别对应相等,因为 $\angle B$ 是公共角,两直线(DE 和 AC)平行,同位角相等,有 $\angle D = \angle A$,$\angle E = \angle C$.

(2) 现在证明 $\triangle DBE$ 的边和 $\triangle ABC$ 的对应边成比例,即

$$\frac{BD}{BA} = \frac{BE}{BC} = \frac{DE}{AC}$$

对于这一点,考虑下面两种情况.

① 边 AB 和 DB 有公测度.将边 AB 等分,使每一小部分都等于公测度.接着将边 DB 等分,使之等于整数倍的公测度.不妨设在 DB 中包含 m 个公测度,AB 中包含 n 个公测度.从分割点作 AC 的平行线族,再作 BC 的平行线族,则 BE 和 BC 被等分(§93),即 BE 被 m 等分,BC 被 n 等分.同理,DE 被 m 等分,AC 被 n 等分.此外,DE 的部分长等于 AC 的部分长(因为平行四边形的对边).显然有

$$\frac{BD}{BA} = \frac{m}{n},\ \frac{BE}{BC} = \frac{m}{n},\ \frac{DE}{AC} = \frac{m}{n}$$

---

① 为了便于证明下面的其他定理而引入的一个辅助定理,称为引理.

因此 $BD:BA = BE:BC = DE:AC$.

②如图167,边 AB 和 DB 没有公测度.求比 $BD:BA$ 和 $BE:BC$ 的近似值,精确度为 $1/n$. 将边 AB n 等分,过这些分割点作 AC 的平行线族,则边 BC 也被 n 等分.假设 DB 包含 m 倍的 $\frac{1}{n}AB$,且余线段小于 $\frac{1}{n}AB$,则如图167所示,BE 也包含 m 倍的 $\frac{1}{n}BC$,且余线段小于 $\frac{1}{n}BC$. 类似的,作 BC 的平行线族,得到 DE 也包含 m 倍的 $\frac{1}{n}AC$,且余线段小于 $\frac{1}{n}AC$. 所以,近似值的精确度为 $\frac{1}{n}$,有

$$\frac{BD}{BA} \approx \frac{m}{n}, \frac{BE}{BC} \approx \frac{m}{n}, \frac{DE}{AC} \approx \frac{m}{n}$$

其中符号"$\approx$"表示数字的近似相等,在规定的精确范围内是成立的.

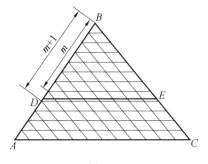

图 167

先取 $n = 10$,再依次取 $n = 100$,$n = 1\,000$,$\cdots$. 我们发现即使精确度不同,但比的近似值彼此相等.因此这些比值可用同一无限小数表示,从而有

$$BD:BA = BE:BC = DE:AC$$

§160 注

(1) 已证明的等式可写成下面三个比例

$$\frac{BD}{BA} = \frac{BE}{BC}, \frac{BE}{BC} = \frac{DE}{AC}, \frac{DE}{AC} = \frac{BD}{BA}$$

将内项移项,得到

$$\frac{BD}{BE} = \frac{BA}{BC}, \frac{BE}{DE} = \frac{BC}{AC}, \frac{DE}{BD} = \frac{AC}{BA}$$

因此,如果两个三角形的边对应成比例,那么一个三角形任意两边的比值等于

另外一个三角形对应两边的比值.

(2) 有时用符号 $\backsim$ 表示图形的相似.

§161　三角形相似判定

定理　如果在两个三角形中:

(1) 如果一个三角形中有两个角与另一个三角形中的两个角分别相等;

(2) 一个三角形的两边与另一个三角形的两边成比例,且两边夹角对应相等;

(3) 如果两个三角形的三条对应边都成比例,

那么这两个三角形是相似的.

(1) 如图 168,设 $\triangle ABC$ 和 $\triangle A'B'C'$ 满足 $\angle A = \angle A'$, $\angle B = \angle B'$,则有 $\angle C = \angle C'$.求证这两个三角形相似.

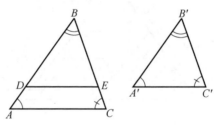

图 168

在线段 BD 上截取线段 $BD = A'B'$,作 $DE \parallel AC$,这样我们根据引理得到与 $\triangle ABC$ 相似的一个辅助三角形 $\triangle DBE$.另一方面,因为 $BD = A'B'$, $\angle B = \angle B'$, $\angle D = \angle A'$,由 ASA 判别法可知,$\triangle DBE$ 全等于 $\triangle A'B'C'$,显而易见地,如果两个三角形相似,则其中一个三角形相似于另一个三角形的全等三角形.因此 $\triangle A'B'C'$ 相似于 $\triangle ABC$.

(2) 设 $\triangle ABC$ 和 $\triangle A'B'C'$ 满足 $\angle B = \angle B'$,且 $A'B' : AB = B'C' : BC$.求证这两个三角形是相似的.

和前面做法一样,在线段 BD 上截取 $BD = A'B'$,作 $DE \parallel AC$,这样得到与 $\triangle ABC$ 相似的辅助 $\triangle DBE$.下面证明它与 $\triangle A'B'C'$ 全等.由 $\triangle DBE$ 与 $\triangle ABC$ 相似可知 $DB : AB = BE : BC$,将这个比例与已知比例进行比较,我们发现这两个比例的第一个比值相等(因为 $DB = A'B'$),所以,比例中剩下的比也相等.由此可得 $B'C' : BC = BE : BC$,即用同一单位 BC 测量时,线段 $B'C'$ 和 BE 长度

相等.从而 $B'C' = BE$. 由 SAS 判别法可知 $\triangle DBE$ 和 $\triangle A'B'C'$ 全等.又 $\triangle DBE$ 与 $\triangle ABC$ 相似,所以 $\triangle A'B'C'$ 也相似于 $\triangle ABC$.

（3）如图 169,设 $\triangle ABC$ 和 $\triangle A'B'C'$ 满足

$$A'B' : AB = B'C' : BC = A'C' : AC$$

求证 $\triangle ABC$ 相似于 $\triangle A'B'C'$.

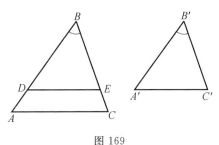

图 169

重复前面的步骤,下面证明 $\triangle DBE$ 与 $\triangle A'B'C'$ 全等.由 $\triangle DBE$ 与 $\triangle ABC$ 相似,我们可以得到: $DB : AB = BE : BC = DE : AC$. 将得到的这些比值与已知比值进行比较,我们发现这两组比值中第一个比值相等,因此所有其他比值也彼此相等.由 $B'C' : BC = BE : BC$ 可知 $B'C' = BE$. 又 $A'C' : AC = DE : AC$, 从而 $A'C' = DE$. 由 SSS 判别法可知 $\triangle DBE$ 与 $\triangle A'B'C'$ 全等,又 $\triangle DBE$ 与 $\triangle ABC$ 相似,所以 $\triangle A'B'C'$ 也相似于 $\triangle ABC$.

§162　注

（1）在这里要强调的是前三个定理证明的方法是相同的,也就是说,在大三角形的一条边上截取线段等于小三角形的对应边,再作另一条边的平行线,从而得到与大三角形相似的辅助三角形.接着应用三角形的全等判别法,定理假设以及相似性质推导出辅助三角形与小三角形全等.最终得出结论给定三角形相似.

（2）这三个相似判别法有时称为 AAA－判别法,SAS－判别法,SSS－判别法.

§163　直角三角形相似判别法

因为所有直角都相等,下列定理可直接由一般三角形相似的 AAA－判别

法，SAS－判别法得到，因此不需要单独证明.

如果在两个直角三角形中：

（1）两个锐角对应相等；

（2）一条直角边与对应边成比例；

那么这两个三角形是相似的.

下列判别法需要单独证明：

定理　如果两个直角三角形的斜边和一条直角边对应成比例，那么这两个直角三角形相似.

在 $\triangle ABC$ 和 $\triangle A'B'C'$ 中，设 $\angle B=\angle B'$ 是直角且 $A'B':AB=A'C':AC$. 求证这两个三角形相似.

如图 170，我们用前面用过的方法去证明，在线段 AB 上截取 $BD=A'B'$，作 $DE\parallel AC$，则得到辅助 $\triangle DBE$ 相似于 $\triangle ABC$. 下面证明 $\triangle DBE$ 与 $\triangle A'B'C'$ 全等. 由直角三角形 DBE 相似于直角三角形 ABC 可知 $DB:AB=DE:AC$. 与给定比例相比较，我们发现在两个比例中第一个比值相等，余下比值也相等. 即 $DE:AC=A'C':AC$，由此可得 $DE=A'C'$，已知直角三角形 DBE 和直角三角形 $A'B'C'$ 斜边和一条直角边分别相等，则这两个三角形全等. 又 $\triangle DBE$ 与 $\triangle ABC$ 相似，所以 $\triangle A'B'C'$ 也相似于 $\triangle ABC$.

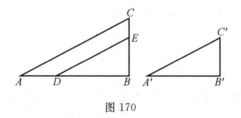

图 170

§164　定理

在相似三角形中，对应边与对应高成比例，对应高即对应点到对应边的高度.

事实上，如图 171，若 $\triangle ABC$ 与 $\triangle A'B'C'$ 相似，则直角三角形 BAD 和三角形 $B'A'D'$ 也相似（因为 $\angle A=\angle A'$），由此有

$$\frac{BD}{B'D'}=\frac{AB}{A'B'}=\frac{BC}{B'C'}=\frac{AC}{A'C'}$$

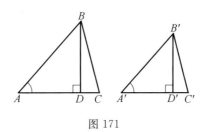

图 171

练　　习

证明定理：

345.所有等边三角形都相似.

346.所有的等腰直角三角形都相似.

347.如果两个等腰三角形的顶角相等,那么这两个三角形是相似的.

348.在相似三角形中,对应边成比例:(1) 对应中线(即,平分对应边的中线);(2) 对应角平分线(即等角的平分线).

349.在三角形中平行于底边,连接两侧边的任意线段被从顶点引出的中线平分.

350.过梯形上、下底边中点的直线,过两腰的交点,还过对角线的交点.

351.过直角三角形的直角顶点作斜边上的高,得到两个相似于原三角形的三角形.

352.如果一条直线把一个三角形分成两个相似的三角形,那么这两个相似三角形是直角三角形.

353.给定三条直线过同一点,如果一个点沿着其中一条直线移动,则从该点到其他两条直线的距离之比保持不变.

354.过三角形任两边上高线垂足的直线,与原三角形相交得到一个新的三角形,并与原三角形相似.证明任意三角形的高线是另一个三角形的角平分线,其顶点是这些高线的垂足.

355*.如果三角形的一条中线与原三角形相交得到的新三角形与原三角形相似,则这两个相似三角形对应边所成比是无理数.

提示:求得这个比值.

计算问题：

356.在梯形中,作过对角线交点并平行于上、下底边的直线,计算这条直线在梯形内部的线段长度,其中上、下底分别长 a 和 b.

357.△ABC 三边长为 a,b,c,作直线 MN 平行于边 AC,截得另两条边的线段 $AM=BN$,求线段 MN 的长度.

358.直角三角形的直角边长为 a,b,其内接正方形的一个内角是三角形的直角,且所有顶点都在三角形的边上,求这个正方形的周长.

359.以 r 和 R 为半径的两个圆外切于点 M.计算点 M 到两圆的外公切线的距离.

第 3 节　　相似多边形

§ 165　　定义

如果两个多边形的对应角相等,边数相同,对应边成比例,称这样的多边形为相似多边形.如图 172,多边形 $ABCDE$ 与多边形 $A'B'C'D'E'$ 相似,如果

$$\angle A = \angle A', \angle B = \angle B', \angle C = \angle C', \angle D = \angle D', \angle E = \angle E'$$

且

$$\frac{AB}{A'B'} = \frac{BC}{B'C'} = \frac{CD}{C'D'} = \frac{DE}{D'E'} = \frac{EA}{E'A'}$$

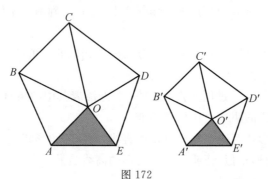

图 172

§ 166　　问题

已知多边形 $ABCDE$,线段 a,作多边形相似于多边形 $ABCDE$,且对应边所成比等于 a.

有一个简单方法,在边 AB 上截取线段 $A'B'=a$(如果 $a>AB$,则点 B' 在

AB 的延长线上). 过顶点 A 作多边形在从这一点引出的所有对角线, 作 $B'C'$ //
$BC, C'D'$ // $CD, D'E'$ // DE, 这样便得到多边形 $A'B'C'D'E'$ 相似于多边形
$ABCDE$.

事实上, 首先, 一个多边形的所有内角等于另一个多边形的所有内角: $\angle A$
是公共角, $\angle B' = \angle B$, $\angle E' = \angle E$, 两条平行线被第三条直线所截形成的同位
角; $\angle C' = \angle C$, $\angle D' = \angle D$, 这些角的子角分别相等. 其次, 由三角形相似, 我们
可以得到以下比例

$$\triangle AB'C' \backsim \triangle ABC : \frac{AB'}{AB} = \frac{B'C'}{BC} = \frac{AC'}{AC}$$

$$\triangle AC'D' \backsim \triangle ACD : \frac{AC'}{AC} = \frac{C'D'}{CD} = \frac{AD'}{AD}$$

$$\triangle AD'E' \backsim \triangle ADE : \frac{AD'}{AD} = \frac{D'E'}{DE} = \frac{AE'}{AE}$$

由于第一行的第三个比值与第二行的第一个比值相等, 而第二行的第三个
比值又与第三行的第一个比值相等, 从而这九个比值都是相等的. 去掉包含对
角线的比值, 则有

$$\frac{AB'}{AB} = \frac{B'C'}{BC} = \frac{C'D'}{CD} = \frac{D'E'}{DE} = \frac{AE'}{AE}$$

因此我们可以看到在多边形 $ABCDE$ 和 $A'B'C'D'E'$ 中, 顶点个数相等, 角
分别相等, 对应边成比例. 因此, 这两个多边形是相似的.

§167 　 注

对于三角形, 由 §161 的结论可知, 三角形的角的相等表明三角形的边成
比例. 反之, 边成比例则表明三角形的角相等. 因此, 仅依据角的相等或对应边
成比例就足以判定三角形相似. 然而, 对于多边形来说, 仅仅是角的相等, 或者
仅仅是边的比例关系不足以说明它们是相似的. 例如, 一个正方形和一个矩形
有相等的角, 但有不成比例的边. 一个正方形和一个菱形有成比例的边, 但角不
相等.

§168 　 定理: 将相似多边形以相同方式分割, 可得相同数量的
　 　 　 相似三角形

例如, 如图 173, 相似多边形 $ABCDE$ 和 $AB'C'D'E'$ 被从一点引出的对角
线分成相似三角形. 显然, 这种方法适用于所有的凸多边形. 下面我们指出另一

129

种同样适用于凸多边形的方法.

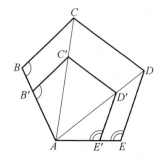

图 173

如图 172,在多边形 $ABCDE$ 内部,任取一点 O 并将其与所有顶点相连,则多边形 $ABCDE$ 被分成与边数一样多的三角形,选择其中一个三角形,比如 $\triangle AOE$(图 172 阴影部分),在另一个多边形的对应边 $A'E'$ 上分别作

$$\angle O'A'E' = \angle OAE, \angle O'E'A' = \angle OEA$$

连接交点 O' 与多边形 $A'B'C'D'E'$ 的其余顶点,则这个多边形将被分成与前一多边形相同数量的三角形.下面证明第一个多边形中的三角形分别与第二个多边形的三角形相似.

事实上,$\triangle AOE$ 相似于 $\triangle A'O'E'$.为了证明 $\triangle AOB$ 和 $\triangle A'O'B'$ 是相似的,我们考虑多边形的相似性,则有

$$\angle BAE = \angle B'A'E', \frac{BA}{B'A'} = \frac{AE}{A'E'}$$

$\triangle AOE$ 相似于 $\triangle A'O'E'$,则

$$\angle OAE = \angle O'A'E', \frac{AO}{A'O'} = \frac{AE}{A'E'}$$

从而

$$\angle BAO = \angle B'A'O', \frac{BA}{B'A'} = \frac{AO}{A'O'}$$

可见,在 $\triangle AOB$ 和 $\triangle A'O'B'$ 中两对应边成比例,其夹角对应相等,所以这两个三角形相似.

同样的,可证明 $\triangle BOC$ 和 $\triangle B'O'C'$,$\triangle COD$ 和 $\triangle C'O'D'$ 等的相似性.显然,相似三角形以同样的形状在各自的多边形中.

为了证明非凸多边形定理,用 §82(注(2))的结果,将非凸多边形构造成凸多边形即可.

§169 定理:相似多边形的周长与对应边成正比

事实上,如图 172,若多边形 $ABCDE$ 和 $A'B'C'D'E'$ 相似,则由定义

$$\frac{AB}{A'B'} = \frac{BC}{B'C'} = \frac{CD}{C'D'} = \frac{DE}{D'E'} = \frac{EA}{E'A'} = k$$

其中 k 是实数.这表明 $AB = k(A'B')$,$BC = k(B'C')$,$\cdots$.将其相加,有

$$AB + BC + CD + DE + EA = k(A'B' + B'C' + C'D' + D'E' + E'A')$$

因此

$$\frac{AB + BC + CD + DE + EA}{A'B' + B'C' + C'D' + D'E' + E'A'} = k$$

注 这是比例的一般性质.已知比例等式,则第一项之和比上第二项之和等于第一项比上第二项.

练 习

360.证明所有的正方形都相似.

361.证明两个矩形在邻边比相等的情况下相似.

362.证明两个菱形当且仅当它们有等角时才相似.

363.如果菱形被任意等边多边形替换,前面的结果如何变化?

364.证明两个筝形是相似的当且仅当两个筝形的内角对应相等.

365.证明两个对角线互相垂直的内接四边形相似当且仅当对应角相等.

366*.若上题中两条对角线所成角相等或等于直角,结果又是什么?

367.证明两个外切四边形相似当且仅当两个四边形对应角相等.

368.如果用多边形替换上题中的四边形,结果又是什么?

369.两个四边形被分成两个全等的等边三角形.证明这两个三角形全等.

370.若将前一问题中的等边三角形替换成等腰直角三角形,结果又是什么?

第 4 节 比 例 定 理

§170 泰勒斯定理

下面的结果是由米利都的希腊哲学家泰勒斯(前 624— 前 547)提出的.

定理   角的两边(图174,ABC)被一族平行直线($DD',EE',FF',\cdots$)所截,各边截得的线段成比例.

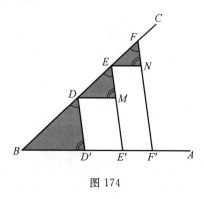

图 174

求证

$$\frac{BD}{BD'}=\frac{DE}{D'E'}=\frac{EF}{E'F'}=\cdots$$

或等价地

$$\frac{BD}{DE}=\frac{BD'}{D'E'},\frac{DE}{EF}=\frac{D'E'}{E'F'},\cdots$$

作辅助线 $DM \parallel BA$,$EN \parallel BA$,$\cdots$.得到 $\triangle BDD'$,$\triangle DEM$,$\triangle EFN$,$\cdots$,这些三角形彼此相似,因为三角形的内角对应相等(两直线平行,同位角相等).由相似可得

$$\frac{BD}{BD'}=\frac{DE}{DM}=\frac{EF}{EN}=\cdots$$

在等式中,用 $D'E'$ 替换 DM,$E'F'$ 替换 EN,$\cdots$(平行四边形对边相等),则定理得证.

§171   定理

两条平行直线(图175,MN 和 $M'N'$)与从点 O 引出的直线族($OA,OB,OC,\cdots$)相交,截得平行直线各部分线段成比例.

求证直线 MN 上的线段 $AB,BC,CD,\cdots$ 与 $M'N'$ 上的线段 $A'B',B'C',C'D',\cdots$ 成比例.

由三角形相似(§159):$\triangle OAB \backsim \triangle OA'B'$,$\triangle OBC \backsim \triangle OB'C'$,推得

$$\frac{AB}{A'B'}=\frac{BO}{B'O},\frac{BO}{B'O}=\frac{BC}{B'C'}$$

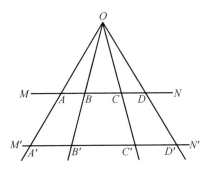

图 175

从而 $AB:A'B'=BC:B'C'$. 其他线段的比例同理可证.

§172　问题

将线段 AB（图 176）分成三部分,各部分比例为 $m:n:p$,其中 m,n,p 是已
知线段或已知整数.

133

假设射线 AC 与 AB 成任意角,从点 A 开始截取线段等于定线段 m,n,p. 连
接线段 p 的端点 C 与点 B,过截取线段的端点 G 和 H 作直线 $GD\parallel CB$,$HE\parallel$
CB,则线段 AB 被点 D 和点 E 分成比例 $m:n:p$.

当 m,n,p 表示整数时,如 $2,5,3$,则与上述过程类似,除了在 AC 上截取长
度为 $2,5,3$ 的线段.

当然,上述做法适用于将线段划分成任意比例.

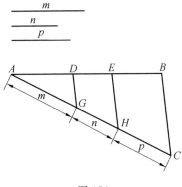

图 176

§173   问题

已知三条线段 a,b,c,找到第四条线段使得这四条线段成比例(图 177),即找到线段 x 使得 $a:b=c:x$.

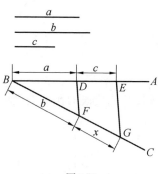

图 177

134   在任意角 $\angle ABC$ 的两条边上截取线段 $BD=a$,$BF=b$,$DE=c$.连接点 D 和点 F,作 $EG \parallel DF$.线段 FG 即为所求.

§174   角平分线性质

定理   三角形的任一角平分线将对边分成两条线段,这两条线段的比等于其邻边之比.

求证:若 $\angle ABD = \angle DBC$,则 $\dfrac{AD}{DC} = \dfrac{AB}{BC}$.

如图178,作直线 CE,满足 $CE \parallel BD$ 且与边 AB 延长线交于点 E,则根据泰勒斯定理(§170),有比例 $AD:DC=AB:BE$.为了推导所求比例,只要证明 $BE=BC$ 即可,即 $\triangle CBE$ 是等腰三角形.在 $\triangle CBE$ 中,$\angle E = \angle ABD$,$\angle BCE = \angle DBC$(两直线平行,同位角相等;两直线平行,内错角相等).又由假设 $\angle ABD = \angle DBC$,所以 $\angle E = \angle BCE$,即 $BE=BC$,因为等角对等边.

示例:设 $AB=30$ cm,$BC=24$ cm,$AC=36$ cm.令字母 x 表示 AD,则比例为

$$\frac{x}{36-x} = \frac{30}{24}$$

即

$$\frac{x}{36-x}=\frac{5}{4}$$

则有 $4x=180-5x$，或 $9x=180$，即 $x=20$. 因此 $AD=20$ cm，$DC=36-x=$ 16 cm.

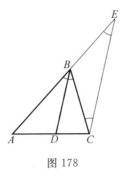

图 178

§175 定理

135

三角形（ABC）外角（$\angle CBF$）平分线（图 179，BD）与底边（AC）延长线交于点 D，则点 D 到底边两个端点的距离之比等于三角形两条侧边（AB 和 BC）之比.

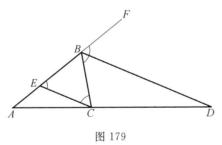

图 179

换句话说，求证若 $\angle CBD=\angle FBD$，则 $\dfrac{DA}{DC}=\dfrac{AB}{BC}$.

作 $CE \parallel BD$，则有比例 $DA：DC=BA：BE$. 因为

$$\angle BEC=\angle FBD，\angle BCE=\angle CBD$$

（两直线平行，同位角相等；两直线平行，内错角相等）由假设 $\angle FBD=\angle CBD$，从而 $\angle BEC=\angle BCE$. 因此 $\triangle EBC$ 是等腰三角形，即 $BE=BC$. 由线段 BC 等于线段 BE，在比例中替换，得到所求比例 $DA：DC=BA：BC$.

注 等腰三角形顶角的外角平分线平行于底边. 这是定理表述和证明中

的一个特殊情况.

练 习

371. 证明若在角的两边从顶点开始截取成比例的若干条线段,则连接线段端点的直线互相平行.

372. 连接给定梯形两腰,并平行于上、下底的线段,被两条对角线三等分.

373. 已知三角形的顶角,底边以及底边与一条侧边的比值,作三角形.

374. 证明三角形两条不等边的夹角平分线小于从同一顶点引出的中线.

375. 边长为 12 cm,15 cm,18 cm 的三角形,其较短的两条边与圆相切,且该圆圆心在最长边上.求圆心将最长边分成两段线段的长.

376. 过给定角平分线上的一个定点,作一条直线,使之在角内部的线段被定点分成 $m:n$.

377. 已知三角形的顶角,底边以及角平分线与底边交点,作三角形.

378. 作给定圆的内接三角形,已知三角形的底边和另两条边的比值.

379*. 作三角形,已知三角形的两条边及两边夹角平分线.

提示:考虑图 178,首先作 $\triangle CBE$.

380*. 在 $\triangle ABC$ 中,边 $AC=6$ cm,$BC=4$ cm,$\angle B=2\angle A$,计算 AB.

提示:参考 §174 的例子.

381. 已知一条无穷直线上的两点 A 和 B,在这条直线上找到第三个点 C 使得 $CA:BC=m:n$,其中 m 和 n 是给定线段或整数.(若 $m\neq n$,则有两个点 C,一点在 A 和 B 之间,一点在线段 AB 之外.)

382*. 已知两定点 A 和 B,求满足 $MA:MB=m:n$ 的点 M 的几何轨迹.

提示:该问题的答案通常称为"阿波罗尼奥斯圆",由佩尔加的希腊几何学家阿波罗尼奥斯提出.

383*. 作给定圆的内接三角形,已知三角形的底边,平分底边的中线与平分一条侧边中线之比.

第 5 节 位 似

§176 位似图形

如图 180,假设已知一个图形 Φ,一点 S,我们称点 S 为位似中心,称正数 k

为相似比(或位似比).在图形 Φ 上任取一点 A,过中心点 S 作射线 SA.在射线 SA 上取点 A' 使得 $SA':SA=k$.这样,若 $k<1$,如 $k=1/2$,则点 A' 在线段 SA 之间(图 180);若 $k>1$,如 $k=3/2$,则点 A' 在线段 SA 之外.在图形 Φ 上再取一点 B,与点 A 进行同样的做法,即在射线 SB 上找到点 B',使得 $SB':SB=k$.设点 S 和数字 k 保持不变,用上面的方法再找到图形 Φ 上的一个对应点,则满足这些条件的所有的点的几何轨迹是新图形 Φ'.新图形 Φ' 称为图形 Φ 关于位似中心 S 以给定位似比 k 的位似.图形 Φ 到图形 Φ' 的变换称为位似变换或相似变换,中心为 S,位似比为 k.

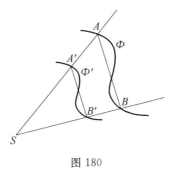

图 180

§177　定理

与线段(图 181,AB)位似的图形是一条线段($A'B'$),该线段与原线段平行,且与原线段之比等于位似比.

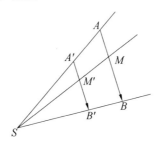

图 181

找到与给定线段端点 A 和 B 位似的点 A' 和 B',其中位似中心为点 S,位似比为 k.点 A' 和 B' 分别在射线 SA 和 SB 上,且 $SA':SA=SB':SB$.连接点 A' 和 B',证明 $A'B'\ /\!/ \ AB$,$A'B':AB=k$.事实上,$\triangle A'SB'\backsim\triangle ASB$ 因为这两个

三角形有公共角,且对应边成比例.由这两个三角形相似可知

$$A'B' : AB = SA' : SA = k$$

$$\angle BAS = \angle B'A'S$$

因此 $A'B' \parallel AB$.

下面证明线段 $A'B'$ 是 AB 的位似图形.在 AB 上找一点 M,作射线 SM.射线 SM 与直线 $A'B'$ 交于点 M',则 $\triangle M'A'S \backsim \triangle MAS$,因为这两个三角形对应角相等.因此 $SM' : SM = SA' : SA = k$,即点 M' 是点 M 关于位似中心 S,以 k 为位似比的位似.所以 AB 上的所有点,其位似点都在 $A'B'$ 上.反之亦然,在线段 $A'B'$ 上任取一点 M',则射线 SM' 与 AB 相交于点 M,同理可证点 M' 和点 M 位似.所以线段 $A'B'$ 是 AB 的位似图形.

注 线段 $A'B'$ 的端点与线段 AB 的端点位似,不仅平行于 AB,还与 AB 方向相同(如图 181 箭头所示方向).

§178 定理

多边形(图 182,$ABCD$)的位似图形是一个与原多边形相似的多边形($A'B'C'D'$),满足新多边形的边与原多边形的对应边平行,且对应边的比等于位似比(k).

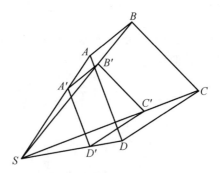

图 182

事实上,根据前一定理,多边形 $ABCD$ 的位似图形由平行于多边形各边的线段构成,且这些线段与多边形 $ABCD$ 各边之比等于位似比 k.所以位似图形是一个多边形 $A'B'C'D'$,其各角分别等于 $ABCD$ 各角(因为平行角相等,§79),位似边与 $ABCD$ 各边成比例.所以这两个三角形是相似的.

注 任意几何图形相似性可以定义如下:如果两个图形中的一个图形与

另一个图形的位似图形全等,则称这两个图形相似.因此,在这种意义上位似图形是相似的.这个定理表明,我们先前关于相似多边形的定义(§165)与相似图形的一般定义是一致的.

§179 定理

圆的位似图形(图183,以点 O 为圆心)是圆,两圆半径之比等于位似比,其圆心(O')与给定圆的圆心位似.

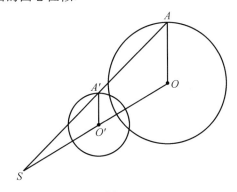

图 183

设点 S 是位似中心, k 是位似比.任选定圆上的半径 OA ,作 OA 的位似线段 $O'A'$.由 §177 结论知: $O'A' : OA = k$,即 $O'A' = kOA$.当半径 OA 绕圆心 O 旋转时,线段 $O'A'$ 长度保持不变,定点 O 的位似点 O' 也固定不动.以点 O' 为圆心,点 A' 的轨迹为圆,且该圆的半径等于 k 倍的定圆半径.

§180 负位似比

假设已知图形 Φ ,一点 S ,一个正数 k .我们以下列方式作图形 Φ 的位似图形.如图184,在图形 Φ 上任取一点 A ,过点 S 作射线 SA ,过点 S 延长射线.在射线 SA 的延长线上,找到点 A' 使得 $SA' : SA = k$.对图形 Φ 上的所有的点 A 都重复上述做法,则对应点 A' 的轨迹是一个新图形 Φ' .图形 Φ' 是图形 Φ 的位似图形,其位似中心为点 S ,负位似比为 $-k$.

我们建议读者自行验证关于负位似比的下列事实:

(1) 如图184,线段 AB 以位似比为 $-k$ 的位似图形是线段 $A'B'$,且 $A'B' \parallel AB$, $A'B' = kAB$,其方向与 AB 的方向相反.

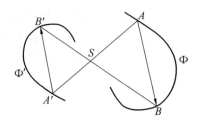

图 184

(2) 位似中心为 S,位似比为 -1 的相似变换等价于位似中心 S 的中心对称.

(3) 与一个给定图形关于中心 S,分别以位似比 k 和 $-k$ 位似的两个图形关于中心点 S 中心对称.

(4) 在数轴上(§163)表示 k 和 $-k$ 的两个点,是数字 1 关于中心 0 的位似点,其位似比分别为 k 和 $-k$.

§181 位似法

140

该方法可用于解决许多作图问题.其思想是先构造一个与所求图形相似的图形,然后通过相似变换得到所求图形.当已知条件仅给一个长度,而其他量都是角或比值时,用位似法特别方便,比如说:构造一个三角形,已知三角形的一个角、一条边和其他两条边的比值,或已知三角形的两个角和一条特殊线段(高线、中线、角平分线等);作一个正方形,已知正方形的边与其对角线的和或差. 我们通过解决下面问题说明.

问题 1 如图 185,构造 $\triangle ABC$,已知 $\angle C$,边 $AC:BC$ 和从 $\angle C$ 顶点引出的高 h.

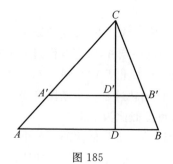

图 185

令 $AC : BC = m : n$，其中 m 和 n 是两条给定线段或两个数.在 $\angle C$ 的两条边上截取线段 CA' 和 CB' 与 m 和 n 成比例.当 m 和 n 是线段时,取 $CA' = m$,$CB' = n$.若 m 和 n 是整数时,取任意线段 l,作 $CA' = ml$,$CB' = nl$.在这两种情况下,都有 $CA' : CB' = m : n$.

显然,$\triangle A'B'C$ 与所求三角形相似.要得到所求三角形,作 $\triangle A'B'C$ 的高线 CD',记为 h'.任取一个位似中心,以位似比 h/h' 作 $\triangle A'B'C$ 的位似三角形,则该三角形即为所求.

如图 185,以点 C 为中心最方便,这样作图就很简单.延长 $\triangle A'B'C$ 的高线 CD',在其上截取线段 $CD = h$,过其端点 D 作直线 $AB \parallel A'B'$.$\triangle ABC$ 即为所求.

所求图形在此类问题中的位置是任意的.在其他一些问题中,需要在相对于给定点和定直线的确切位置上构造一个图形.这样舍弃其中一个条件,可能会得到与所求图形相似的无穷多个图形.这样位似法就非常有用.举例说明.

§182 问题 2

在给定的 $\angle ABC$ 中,作过定点 M 的内切圆(图 186).

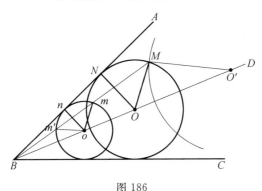

图 186

首先舍弃圆过定点 M 这个条件.根据余下条件可知,无穷多个圆的圆心都在给定角的平分线 BD 上.构造一个这样的圆,例如,圆心在某点 o 处的圆.找到点 M 关于点 B 的位似点 m,即在射线 BM 上找到点 m,作半径 mo.作 $MO \parallel mo$,则点 O 即为所求圆心.

事实上,作 AB 的垂线 ON.得到相似三角形:$MBO \backsim mBo$,$NBO \backsim nBo$.由相似性有:$MO : mo = BO : Bo$,$NO : no = BO : Bo$,因此 $MO : mo = NO : no$.

又 $mo = no$，因此 $MO = NO$，即以 O 为圆心，以 OM 为半径的圆与边 AB 相切．因为圆心在角平分线上，所以该圆也与边 BC 相切．

如果该圆与射线 BM 的另一个交点 m' 不是辅助圆上的点 m，也是 M 的位似点，则将构造出圆心为 O' 的另一个圆．因此，这个问题可以有两个解．

§183　问题 3

作给定三角形 ABC 的内接菱形，已知菱形的锐角，一条边与三角形底边 AB 重合，另两个顶点分别在两条侧边 AC 和 BC 上（图 187）．

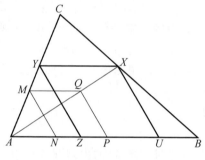

图 187

先舍弃菱形的一个顶点在边 BC 上这个条件，则有无穷多个菱形满足条件．任意作一个菱形．为此，在边 AC 上任取一点 M，并以点 M 为顶点作与给定角相等的角，使得角的两边满足：一条边平行于底边 AB，另一条边与底边 AB 交于点 N．在边 AB 上，截取线段 $NP = MN$，以 MN，NP 为邻边作菱形．

设菱形的第四个顶点为 Q．以 A 为位似中心，作菱形 $MNPQ$ 的位似菱形，并选择适当的位似比，使得与顶点 Q 相对应的新菱形顶点在三角形边 BC 上．为此，延长射线 AQ 与边 BC 交于点 X．该点是所求菱形的顶点之一．过点 X 作平行于菱形 $MNPQ$ 各边的直线，菱形 $XYZU$ 即为所求．

练　习

证明定理：

384.如果两个圆的半径保持平行旋转，则过该半径端点的直线与连心线交于定点．

385.平面上的两个圆在一个恰当的中心上是位似的（甚至有两个中心，一个相似比为负，一个相似比为正）．

提示:位似中心是上一个问题的定点.

求几何轨迹:

386. 过圆上一定点的所有弦的中点的几何轨迹.

387. 将过圆上一定点的所有弦以固定比 $m:n$ 分割的点的轨迹.

388. 到给定角的两边距离等于给定比的点的轨迹.

作图问题:

389. 过角内部的一个定点,作一条直线与角的两边相交,使得定点到角两边的线段之比等于 $m:n$.

390. 作给定正方形的外接三角形,相似于给定图形.

391. 在三角形内找到一点,使从该点到三角形各边的三条垂线比为 $m:n:p$.

392. 已知三角形的顶角,高线以及垂足分割底边的比,作三角形.

393. 已知三角形三个内角以及底边和底边高线之和或差,作三角形.

394. 已知等腰三角形的顶角以及底边和底边高线的和,作三角形.

395. 已知三角形三个内角和外接圆的半径,作三角形.

396. 已知 $\angle AOB$ 与其内部一点 C. 在边 OB 上找到一点 M,使得点 M 与点 C 的距离等于点 M 到 OA 的距离.

397. 已知三角形的顶角,底边高线与底边的比值以及一条侧边上的中线,作三角形.

398. 作给定弓形的内接正方形,使其一条边在弦上,该边所对顶点在弧上.

399. 作给定三角形的内接矩阵,已知矩形的邻边之比为 $m:n$,且矩形的一条边在三角形底边上,该边所对顶点在两条侧边上.

第 6 节　　几何中项

§184　定义

若存在线段 b,满足 $a:b=b:c$,则称线段 b 是 a 和 c 的几何中项. 一般来说,相同定义适用于任何在同一定义域的量. 当 a,b 和 c 是正数时,等式 $a:b=b:c$ 可以记为

$$b^2 = ac \text{ 或者 } b = \sqrt{ac}$$

§185 定理

在一个直角三角形中：

(1) 从直角顶点引出的高线是将斜边分成的两条线段的几何中项；

(2) 每条直角边都是斜边与斜边被高线分割，与直角边相邻线段的几何中项.

如图 188，设 AD 是从直角顶点 A 到斜边 BC 的高线. 求证：

(1) $\dfrac{BD}{AD}=\dfrac{AD}{DC}$；

(2) $\dfrac{BC}{AB}=\dfrac{AB}{BD}$，$\dfrac{BC}{AC}=\dfrac{AC}{DC}$.

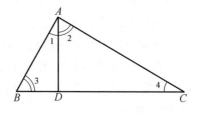

图 188

第一个比例由 $\triangle BDA \backsim \triangle ADC$ 推导可得. 因为 $\angle 1=\angle 4$，$\angle 2=\angle 3$，所以这两个三角形相似. $\triangle BDA$ 的边 BD 和边 AD 构成所求比例的第一个比值. $\triangle ADC$ 的位似边是 AD 和 DC[①]，因此 $BD:AD=AD:DC$.

第二个比例由 $\triangle ABC$ 和 $\triangle BDA$ 的相似性可得. 这两个三角形是相似的，因为 $\triangle ABC$ 和 $\triangle BDA$ 都是直角三角形，且 $\angle B$ 是公共角. $\triangle ABC$ 的边 BC 和边 AB 构成所求比例的第一个比值. $\triangle BDA$ 的位似边是 AB 和 BD，因此 $BC:AB=AB:BD$.

最后一个比例是以同样的方法从 $\triangle ABC$ 和 $\triangle ADC$ 的相似性中推导出来的.

---

① 为了避免在判断相似三角形哪条边是对应边时出现错误，在此类问题中标记三角形各边的对角是很有用的，这样在另一个三角形中找对应相等的角，再取这些角的对边即可. 例如，$\triangle BDA$ 的边 BD 和 AD 的对角为 $\angle 1$ 和 $\angle 3$；这两个角与 $\triangle ADC$ 的 $\angle 4$ 和 $\angle 2$ 分别相等，$\angle 4$ 和 $\angle 2$ 的对边是 AD 和 DC. 因此，AD 和 DC 分别对应于 BD 和 AD.

§186　推论

设 A(图 189)是圆上任意一点,直径 BC.连接点 A 与直径 BC 端点得到一个直角三角形,其斜边是直径,直角边是弦.把上述定理应用到这个三角形中,则有如下结论:

从圆上任意一点作直径的垂线是该垂线的垂足将直径分成的两条线段的几何中项.连接点 A 和直径端点的弦,是直径与直径被垂足分割得到的两条线段,与弦相邻线段的几何中项.

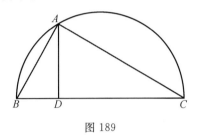

图 189

§187　问题

作线段 a 和 c 的几何中项.

我们给出两种解法.

(1)如图 190,在一条直线上截取线段 $AB = a$,$BC = b$,以 AC 为直径作半圆.过点 B 作 AC 的垂线与半圆交于点 D,则垂线 BD 是 AB 和 BC 的几何中项.

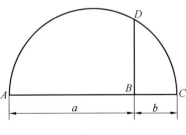

图 190

(2)如图 191,从射线端点 A 开始截取线段 a 和 b.在较长线段上,作一个半圆.过较短线段的端点作垂线,交半圆于点 D.连接点 A 和点 D,则弦 AD 是 a 和 b 的几何中项.

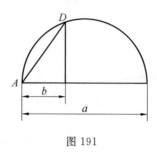

图 191

§188 勾股定理

根据前面的定理我们得到任意直角三角形各边之间的显著关系. 萨摩斯岛的希腊几何学家毕达哥拉斯(Pythagoras, 前 570— 前 475)证明了这种关系, 并以他的名字命名.

146

定理 若直角三角形三边可用同一长度单位测量, 则斜边长的平方等于其直角边长的平方和.

如图 192, 设 △ABC 是一个直角三角形, AD 为直角顶点到斜边的高. 假设直角三角形三边和斜边上的线段可用相同单位测量, 长度为 a, b', c', h.[①] 应用 §185 的定理, 有比例

$$a : c = c : c', a : b = b : b'$$

或者等价地

$$ac' = c^2, ab' = b^2$$

根据这些等式, 我们得到

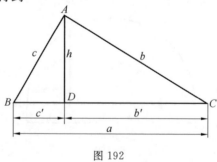

图 192

---

① 习惯上用与顶点大写字母相对应的小写字母表示三角形的边.

$$ac' + ab' = c^2 + b^2$$

或

$$a(c' + b') = c^2 + b^2$$

又 $c' + b' = a$,因此 $a^2 = b^2 + c^2$.

这个定理常被简述为:斜边的平方等于两直角边的平方和.

示例 假设用某线性单位测得直角边长为 $3,4$,测得斜边长为 x,满足

$$x^2 = 3^2 + 4^2 = 9 + 16 = 25$$

因此

$$x = \sqrt{25} = 5$$

注 边长为 $3,4,5$ 的直角三角形有时也称为埃及三角形,因为它被古埃及人所熟知.据说,他们利用这个三角形在地面上按下面方式构造直角.将一根圆绳等距地打上 12 个结,绕三根杆拉伸绳子,得到边长为 $3,4,5$ 的直角三角形,则边长为 3 和 4 的两边夹角就是直角.[①]

然而,毕达哥拉斯定理的另一个公式,即毕达哥拉斯本人所熟知的表述,将在 §259 中给出.

§189 推论

两条直角边的平方之比等于与斜边上与直角边相邻的线段之比.

事实上,根据 §188 中的公式,有 $c^2 : b^2 = ac' : ab' = c' : b'$.

注 (1)三个等式

$$ac' = c^2, ab' = b^2, a^2 = b^2 + c^2$$

再补充两个等式

$$b' + c' = a, h^2 = b'c'$$

其中 h 表示高 AD 的长度(图 192).显然,第三个等式是前两个等式和第四个等式的结果,所以 5 个等式中只有 4 个等式是独立的.所以,a,b,c,b',c',h,已知六个字母中的任意两个,我们能够计算剩余四个.举个例子,假设已知斜边线段 $b' = 5, c' = 7$,则

$$a = b' + c' = 12, c = \sqrt{ac'} = \sqrt{12 \cdot 7} = \sqrt{84} = 2\sqrt{21}$$
$$b = \sqrt{ab'} = \sqrt{12 \cdot 5} = 2\sqrt{15}, h = \sqrt{b'c'} = \sqrt{5 \cdot 7} = \sqrt{35}$$

---

① 用整数测量边长的三角形称为毕达哥拉斯三角形.还可证明直角边长为 x, y,斜边长为 z 的三角形,各边满足公式 $x = 2ab, y = a^2 - b^2, z = a^2 + b^2$,其中 a 和 b 是任意整数,且 $a > b$.

（2）在后面我们常说："线段的平方"而不是"表示线段长度的数的平方"，"线段的乘积"而不是"表示线段长度的数的乘积"．因此在后面的问题中假设所有线段都用同一长度单位测量．

§190　定理

在任意三角形中，锐角的对边的平方等于另两条边的平方和减去这两条边中任意一条边与锐角顶点到该边高线垂足线段的乘积的二倍．

如图 193 和 194，设 BC 是 $\triangle ABC$ 的一条边，是 $\angle A$ 的对边，BD 是另一条边上的高线，如 AC（或 AC 的延长线）．求证

$$BC^2 = AB^2 + AC^2 - 2AC \cdot AD$$

或者，用图 193 或 194 中使用的单个小写字母替换，即

$$a^2 = c^2 + b^2 - 2bc'$$

在直角三角形 BDC 中，有

$$a^2 = h^2 + (a')^2 \qquad\qquad (*)$$

148

先计算 h^2 和 $(a')^2$．在直角三角形 BAD 中，我们发现：$h^2 = c^2 - (c')^2$．另一方面，$a' = b - c'$（图 193）或者 $a' = c' - b$（图 194）．在这两种情况下得到 $(a')^2$ 的相同表达式

$$(a')^2 = (b - c')^2 = (c' - b)^2 = b^2 - 2bc' + (c')^2$$

现在式（ * ）可写成

$$a^2 = c^2 - (c')^2 + b^2 - 2bc' + (c')^2 = c^2 + b^2 - 2bc'$$

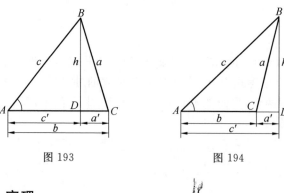

图 193　　　　　　　　　　图 194

§191　定理

在钝角三角形中，钝角对边的平方等于另外两条边的平方和加上这两条边

中任意一条边与钝角顶点到该边高线垂足线段的乘积的二倍.

如图 194,设 AB 是 $\triangle ABC$ 的一条边,$\angle C$ 的对边,BD 是另一条边延长线上的高线,如 AC,求证

$$AB^2 = BC^2 + AC^2 + 2AC \cdot CD$$

用图 194 中使用的单个小写字母替换,即

$$c^2 = a^2 + b^2 + 2ba'$$

在直角三角形 ABD 和 CBD 中,有

$$c^2 = h^2 + (c')^2 = a^2 - (a')^2 + (a' + b)^2$$
$$= a^2 - (a')^2 + (a')^2 + 2ba' + b^2$$
$$= a^2 + b^2 + 2ba'$$

§192　推论

根据最后三个定理,我们得出结论,三角形的一条边的平方是否等于、大于或小于另两条边的平方和,这取决于与这条边的对角是直角、锐角还是钝角.

此外,逆命题:三角形的一个角是直角、锐角还是钝角,取决于对边的平方是否等于、大于或小于另两条边的平方和.

§193　定理

平行四边形两条对角线的平方和等于其各边的平方和(图 195).

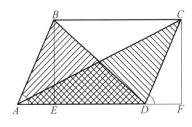

图 195

过平行四边形 $ABCD$ 的顶点 B 和 C 分别作垂线 BE 和 CF,则在 $\triangle ABD$ 和 $\triangle ACD$ 中,有

$$BD^2 = AB^2 + AD^2 - 2AD \cdot AE, \quad AC^2 = AD^2 + CD^2 + 2AD \cdot DF$$

对于直角三角形 ABE 和 DCF,因为斜边相等,锐角相等,故 $\triangle ABE$ 和 $\triangle DCF$ 全等,从而有 $AE = DF$.注意到这一点后,将前面两个等式相加,被加数 $-2AD \cdot AE$

和 $+2AD \cdot DF$ 正负抵消,得

$$BD^2 + AC^2 = AB^2 + AD^2 + AD^2 + CD^2 = AB^2 + BC^2 + CD^2 + AD^2$$

§194   我们研究有关圆的几何中项

定理   若过圆内一点(M,图196),作一条弦(AB)和一条直径(CD),则弦上两条线段乘积($AM \cdot MB$)等于直径上两条线段乘积($CM \cdot MD$).

作两条辅助弦 AC 和 BD,得到两个三角形 $\triangle AMC$ 和 $\triangle DMB$(图196中阴影部分),因为 $\angle A = \angle D$,$\angle B = \angle C$(同弧所对圆周角相等),故 $\triangle AMC$ 与 $\triangle DMB$ 相似,有

$$AM \cdot MB = CM \cdot MD$$

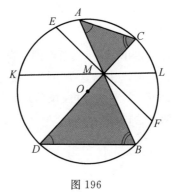

图 196

§195   推论

(1) 如图196,对于过圆内同一点(M)的所有弦(AB,EF,KL),每条弦上的线段之积等于常数,也就是说,对所有这样的弦,结果都是一样的,因为对于每一条弦来说,它都等于直径上两条线段的乘积.

(2) 过圆内一定点(M)的弦(AB)上的两条线段(AM 和 MB)的几何中项,是垂直于直径(CD)的弦(EF)上的线段(EM 或 MF),因为垂直于直径的弦被直径平分,因此

$$EM = MF = \sqrt{AM \cdot MB}$$

§196 定理

从圆外一点(M) 引圆的切线(MC,图 197) 和割线(MA),切线是这点到割线与圆的交点的两条线段(MA 和 MB) 的几何中项.

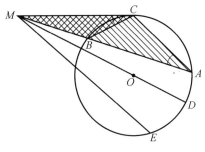

图 197

作辅助弦 AC 和 BC,并考虑 $\triangle MCA$ 和 $\triangle MCB$(图 197 中阴影部分). 由于 $\angle M$ 是公共角,$\angle MCB = \angle BAC$($\overset{\frown}{BC}$ 所对圆心角一半),所以 $\triangle MCA \backsim \triangle MCB$. 在 $\triangle MCA$ 中取边 MA 和边 MC,在 $\triangle MCB$ 中取位似边 MC 和 MB,则有 $MA : MC = MC : MB$,故切线 MC 是割线 MA 和线段 MB 的几何中项.

§197 推论

(1) 从圆外一点(M) 引圆的割线(MA,图 197) 和切线(MC),则这点到割线与圆的交点的两条线段(MA 和 MB) 的乘积等于切线的平方,即

$$MA \cdot MB = MC^2$$

(2) 从圆外一定点(M) 作圆的所有割线(MA,MD,ME,图 197),这点到割线与圆的交点的两条线段的乘积都是常数,即对所有的割线结果都是一样的,都等于从点 M 引出的圆的切线的平方,即 MC^2.

§198 定理

内接四边形两条对角线的乘积等于对边乘积的和.

这个命题也称为托勒密定理,是由希腊天文学家克劳迪亚斯·托勒密(Laudius Ptolemy,85—165)发现的,并以托勒密的名字命名.

如图 198,设 AC 和 BD 是内接四边形 $ABCD$ 的对角线,求证
$$AC \cdot BD = AB \cdot CD + BC \cdot AD$$

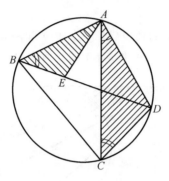

图 198

作 $\angle BAE$,使得
$$\angle BAE = \angle DAC$$

设点 E 是 $\angle BAE$ 的一边 AE 与对角线 BD 的交点. 由于 $\angle B = \angle C$(同弧 AD 所对圆周角相等)
$$\angle BAE = \angle DAC$$
则 $\triangle ABE \backsim \triangle ADC$(图 198 中阴影). 由三角形相似得
$$AB : AC = BE : CD$$
即
$$AC \cdot BE = AB \cdot CD$$

现在考虑另一对三角形,$\triangle ABC$ 和 $\triangle AED$(图 199 阴影部分),由于
$$\angle BAC = \angle DAE$$
$$\angle ACB = \angle ADB \quad (\text{同弧所对圆周角相等})$$
所以 $\triangle ABC \backsim \triangle AED$,从而有
$$BC : ED = AC : AD$$
即
$$AC \cdot ED = BC \cdot AD$$
将这两个等式加和,有
$$AC(BE + ED) = AB \cdot CD + BC \cdot AD$$
其中 $BE + ED = BD$.

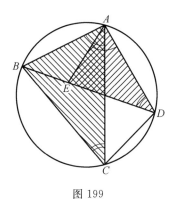

图 199

练　　习

证明定理：

400. 如果梯形的一条对角线将其分成两个相似三角形，那么这条对角线是上、下底的几何中项.

401*. 如果两个圆外切，则连接两个切点的外公切线段是两圆直径的几何中项.

402. 如果一个正方形内接于一个直角三角形，其中正方形的一条边在三角形的斜边上，那么这条边是斜边剩余两条线段的几何中项.

403*. 在半径为 R 的圆中，若 AB 和 CD 是互相垂直的弦，则 $AC^2 + BD^2 = 4R^2$.

404. 如果两个圆是同心圆，那么其中一个圆上的任意一点到另一个圆任意直径端点的距离的平方和是一个常量.

提示：参考 §193.

405. 若两条线段 AB 和 CD（或其延长线）相交于点 E，满足 $AE \cdot EB = CE \cdot ED$，则点 A,B,C,D 四点共圆.

提示：§195（或 §197）的逆定理.

406*. 在任意 △ABC 中，角平分线 AD 都满足 $AD^2 = AB \cdot AC - DB \cdot DC$.

提示：延长角平分线与其外接圆交于点 E，证明 △$ABC \backsim$ △AEC.

407*. 在任意三角形中，三条中线的平方和与三边的平方和的比值等于 5/4.

408. 如果等腰梯形的上、下底长 a,b，腰长为 c，对角线长为 d，则 $ab + c^2 = d^2$.

409. 过点 B 延长圆的直径 AB,并在 AB 延长线上取一点 C 作 $AB \perp CD$,若连接垂线上任意一点 M 与点 A,直线 AM 与圆的另一个交点记为 A',则 $AM \cdot AA'$ 是一个常量,即与 M 的位置无关.

410*. 已知一定圆 O 与点 A 和点 B. 过点 A 和点 B 作几个圆,使得每个圆都与圆 O 相交或相切. 证明连接圆的交点的弦与过圆 O 切点的切线的交点(当延长时),在 AB 的延长线上.

411. 利用上一个问题的结果,作一个圆,已知该圆过两个定点且与给定圆相切.

求几何轨迹:

412. 到两定点的距离的平方和等于一个定值的点的轨迹.

提示:参考 §193.

413. 到两个给定点的距离的平方差等于一个定值的点的轨迹.

计算问题:

414. 从直角顶点引出的高线将斜边分成两条线段,长度比为 $m:n$,计算直角三角形的两条直角边长.

415. 在直角三角形中,斜边上的一点到两条直角边等距,且该点将斜边分成两条线段,长度为 15 cm 和 20 cm. 计算直角三角形的两条直角边长.

416. 三个两两相切的圆的圆心是直角三角形的三个顶点,如果另外两圆的半径是 6 cm 和 4 cm,计算这三条半径的最短半径.

417. 过到圆的距离为 a 的一点作圆的切线,切线长为 $2a$,计算圆的半径.

418. 在 $\triangle ABC$ 中,$AB = 7$,$BC = 15$,$AC = 10$,若 $\angle A$ 是锐角、直角或是钝角,计算从顶点 B 引出的高线长.

419. 已知圆与给定三角形的两条较短的边相切,且圆心在最长的边上,若这些边的长度分别为 $10,24$ 和 26,计算圆的半径.

420. 给定半径为 11 cm 的圆,过圆内与圆心距离 7 cm 的点作长为 18 cm 的弦. 计算该点将弦分成的两条线段长.

421. 过圆外一点,作圆的一条切线 a 和割线. 若割线在圆外线段与圆内线段之比为 $m:n$,计算割线的长度

422. 已知等腰三角形侧边长 14,底边中线长 11,计算底边长.

提示:应用 §193 的定理.

423*. 用三角形三条边长,表示三角形的中线长.

424*. 用三角形三条边长,表示三角形的高线长.

425*. 用三角形三条边长,表示三角形的角平分线长.

426*. 三角形的一个顶点在过两邻边中点和重心的圆上. 如果顶点对边长为 a, 计算从这个顶点引出的中线长.

427*. 在三角形中, 边长为 6 cm 和 8 cm 的两条边上的中线垂直, 计算第三条边长.

第7节　三角函数

§199　锐角三角函数

如图 200 所示, 任取锐角 α, 在角的一边任取一点 M, 过 M 作另一边的垂线 MN, 得到一个直角三角形 OMN, 取这个三角形的各边比值, 即

$$MN : OM \quad (即角 \alpha 对边与斜边的比值)$$
$$ON : OM \quad (即角 \alpha 邻边与邻边的比值)$$
$$MN : ON \quad (即角 \alpha 对边与邻边的比值)$$

以及比值倒数

$$\frac{OM}{MN}, \frac{OM}{ON}, \frac{ON}{MN}$$

这些比值的大小既与点 M 在边上的位置无关, 也与点 M 在角的哪一条边无关.

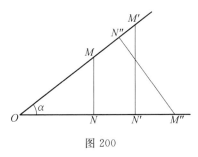

图 200

事实上, 如果在角的同一条边上取异于点 M 的另一点 M' (或者在另一条边上取 M''), 作另一条边上的垂线 $M'N'$ (对应地 $M''N''$), 得到直角三角形: $\triangle OM'N' \backsim \triangle OMN$, $\triangle OM''N'' \backsim \triangle OMN$, 因为 α 是公共锐角. 从相似三角形的对应边的比例关系可知

$$\frac{MN}{ON} = \frac{M'N'}{ON'} = \frac{M''N''}{ON''}, \frac{ON}{MN} = \frac{ON'}{M'N'} = \frac{ON''}{M''N''}, \cdots$$

因此,当点 M 改变其在角的一边或者另一边的位置时,这些比值不会发生改变.显然,当角 α 被另一个与它相等的角替换时,比值也不会改变,但比值会随着角的变化而变化.

因此,任意给定的一个锐角,每一个比值都对应确定的值,因此我们可以说每一个比值都是这个角的函数,它描述了这个角的大小.

以上的所有比值都称为角 α 的三角函数. 在这六个比值中,以下四种是最常用的:

角 α 的对边与斜边的比值称为角 α 的正弦,记为 $\sin \alpha$.

角 α 的邻边与斜边的比值称为角 α 的余弦,记为 $\cos \alpha$.

角 α 的对边与邻边的比值称为角 α 的正切,记为 $\tan \alpha$.

角 α 的邻边与对边的比值($\tan \alpha$ 的倒数)称为角 α 的余切,记为 $\cot \alpha$.

因为每条直角边都小于斜边,所以任意锐角的正弦值和余弦值都是小于 1 的正数,因为一条直角边可以大于、小于或等于另一条直角边,所以正切值和余切值大于、小于或等于 1.

其余两个比值,即正弦和余弦的倒数分别称为角 α 的正割和余割,记为 $\sec \alpha$ 和 $\csc \alpha$.

§200 已知三角函数值,构造角

(1) 假设要构造一个正弦值等于 $\dfrac{3}{4}$ 的角. 因此,要构造一个直角三角形使得其中一条直角边与斜边之比为 $\dfrac{3}{4}$,取这条边的对角. 要构造满足上述条件的三角形,取任意长的线段,截取长为 4 的线段 AB(图 201). 以 AB 为直径作一个半圆,以 B 为圆心,$\dfrac{3}{4}AB$ 长为半径画圆弧. 与半圆交于点 C. 连接点 C 和点 A,点 B,得到直角三角形 ABC,则 $\angle A$ 的正弦值即为 $\dfrac{3}{4}$.

(2) 构造一个角 x 满足等式:$\cos x = 0.7$. 这个问题的解决方法与上一个问题相同. 取长为 10 的斜边 AB(图 201),AC 长为 7,则 $\angle A$ 即为所求角.

(3) 构造一个角 x 满足等式 $\tan x = 3/2$. 为此,需要构造一个直角三角形使得一条直角边是另一条直角边长度的 $\dfrac{3}{2}$ 倍. 画一个直角(图 202),在它的一边标记任意长度的线段 AB,另一边 AC 使其等于 $\dfrac{3}{2}AB$,连接点 B 和点 C,得到正

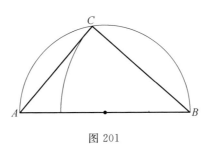

图 201

切值为 $\dfrac{3}{2}$ 的 $\angle B$.

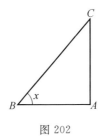

图 202

157

同样的方法也适用于角 x 的余切值,但在这种情况下所求角是 $\angle C$.

§201　三角函数的性质

描述正弦和余弦随角变化的性质是很容易的,假设直角三角形斜边长度不变且等于一个长度单位,只有两条直角边发生改变.取半径 OA 等于长度单位,作四分之一圆 AM,取任意圆心角 $\angle AOB = \alpha$.过点 B 作半径 OA 的垂线 BC,我们有

$$\sin \alpha = \frac{BC}{OB} = \frac{BC}{1} = BC \text{ 的长度}$$

$$\cos \alpha = \frac{OC}{OB} = \frac{OC}{1} = OC \text{ 的长度}$$

假设以 O 为圆心,半径 OB 沿着箭头所指方向旋转,从 OA 开始旋转到 OM 结束,则角 α 将从 $0°$ 增加到 $90°$,经过 $\angle AOB$, $\angle AOB'$, $\angle AOB''$, $\cdots$,如图 203 所示.在旋转过程中,角 α 的对边 BC 的长度将从 0(角 α 为 $0°$)增加到 1(角 α 为 $90°$),角 α 的邻边 OC 的长度将从 1(角 α 为 $90°$)减少到 0(角 α 为 $0°$).因此,当角 α 从 $0°$ 增加到 $90°$,其正弦值从 0 增加到 1,且余弦值从 1 减少到 0.

现在来研究正切函数的性质.因为正切值是对边和邻边的比值,假设邻边

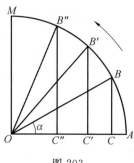

图 203

长度不变且等于一个长度单位,则对边随着角的变化而变化. 取线段 OA 为直角三角形 AOB 中 $\angle AOB$ 的邻边且等于一个单位长度(图 204),现在改变锐角 $\angle AOB = \alpha$. 由定义

$$\tan \alpha = \frac{AB}{OA} = \frac{AB}{1} = AB \text{ 的长度}$$

158
假设点 B 沿着射线 AN 从点 A 开始向上移动得越来越远,过 B',B'',$\cdots$. 如图 204 所示,角 α 和它的正切值都随之增加. 当点 B 和点 A 重合时,角 $\alpha = 0°$,其正切值也等于 0. 当点 B 移动得越来越高时,角 α 越来越接近 90°,对应的正切值也会越来越大,超过任一常量(无限增长). 这种情况下函数值会增加到无穷大 (用 ∞ 表示为无穷大). 因此,当角 α 从 0° 增加到 90° 时,其正切值从 0 增加到 ∞.

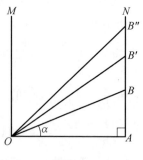

图 204

根据余切的定义,余切是正切的倒数($\cot x = 1/\tan x$),当正切值从 0 增加到 ∞,余切值从 ∞ 减小到 0.

§202　直角三角形中的三角关系

我们已经定义锐角三角函数是直角三角形中与角有关的各边比值. 反之亦然, 也可以用三角函数值来表示直角三角形中的度量关系.

（1）如图 205, 从直角三角形 ABC 中, 我们发现: $b/a = \sin B = \cos C, c/a = \cos B = \sin C$, 因此

$$b = a\sin B = a\cos C, c = a\cos B = a\sin C$$

即直角三角形的直角边等于斜边乘这条边所对角的正弦值或是邻角的余弦值.

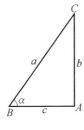

图 205

（2）在同一个三角形中, 我们发现

$$b/c = \tan B = \cot C, c/b = \cot B = \tan C$$

因此

$$b = c\tan B = c\cot C, c = b\cot B = b\cot C$$

即直角三角形的一条直角边等于另一条直角边与这条边对角的正切值的乘积或是与邻角余切值的乘积.

注意 $\angle B = 90° - \angle C$, 因此对于任意角 α 都有

$$\cos \alpha = \sin(90° - \alpha), \sin \alpha = \cos(90° - \alpha)$$

$$\tan(90° - \alpha) = \cot \alpha, \cot(90° - \alpha) = \tan \alpha$$

根据勾股定理, 我们有 $a^2 + b^2 = c^2$. 利用这个公式, 我们可以得到正弦和余弦函数的基本恒等式: 同角的正弦值和余弦值的平方和等于 1

$$\sin^2 \alpha + \cos^2 \alpha = 1$$

α 是任意角.

§203　三角函数的一些特殊值

考虑直角三角形 ABC（图 206）, 锐角 $\angle B = 45°$, 三角形的另一个锐角也等

于 $45°$，即直角三角形是等腰直角三角形：$b=c$. 因此 $a^2=b^2+c^2=2b^2$，因此 $b^2/a^2=1/2$，即 $b/a=1/\sqrt{2}$. 此外 $b/c=c/b=1$. 因此

$$\sin 45°=\cos 45°=\frac{1}{\sqrt{2}}, \tan 45°=\cot 45°=1$$

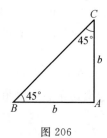

图 206

现在考虑直角三角形 ABC（图 207），其锐角 $\angle B=30°$. 根据 §81 的结果，该角的对边等于斜边长的一半. 因此

$$\sin 30°=\cos 60°=\frac{1}{2}$$

160 根据毕达哥拉斯定理

$$\cos 30°=\sin 60°=\sqrt{1-\left(\frac{1}{2}\right)^2}=\sqrt{1-\frac{1}{4}}=\sqrt{\frac{3}{4}}=\frac{\sqrt{3}}{2}$$

最后，因为 $\tan B=b:c=(1/2)a:(\sqrt{3}/2)a$，我们有

$$\tan 30°=\cot 60°=\frac{1}{2}:\frac{\sqrt{3}}{2}=\frac{1}{\sqrt{3}}, \tan 60°=\cot 30°=\sqrt{3}$$

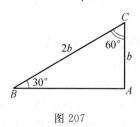

图 207

§204　钝角三角函数

利用数轴和负数的概念，可以将锐角三角函数的定义推广到任意角，在 §153 中对此进行了讨论.

考虑任意圆心角 $\angle BOA=\alpha$（图 208，其中 α 为钝角），是固定半径 OA 与半

径 OB 所夹角. 为了定义 $\cos \alpha$, 首先我们将半径 OA 延长到无穷直线, 并取圆心 O 和点 A 分别表示数字 0 和 1 来识别后者. 过半径的端点 B 作 OA 的垂线, 在数轴 OA 上, 垂足代表一个实数, 这是角 α 的余弦定义. 为了定义 $\sin \alpha$, 我们将数轴 OA 逆时针旋转 $90°$, 从而得到另一条与 OA 垂直的数轴 OP. 从点 B 到数轴 OP 的垂足点代表 $\sin \alpha$ 的数值. 通过平移直线 OP, 得到第三条数轴 AQ 即圆在点 A 处的切线. OB 延长线与数轴 AQ 的交点即为 $\tan \alpha$ 的值. 最后, $\sec \alpha, \csc \alpha, \cot \alpha$ 分别定义为 $\cos \alpha, \sin \alpha, \tan \alpha$ 的倒数.

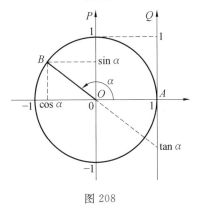

图 208

如图 208, 三角函数的一些性质是显而易见的. 例如, 当角 α 为钝角时, $\cos \alpha$ 和 $\tan \alpha$ 取负值, $\sin \alpha$ 为正值. 此外

$$\sin \alpha = \sin(180° - \alpha), \cos \alpha = \cos(180° - \alpha)$$
$$\tan \alpha = -\tan(180° - \alpha), \cot \alpha = -\cot(180° - \alpha)$$

§205　余弦定理

任意角的余弦函数概念使人们能够统一 §190 和 §191 的结果, 并用一个称为余弦定理的公式来表示三角形的一边的平方与其对角的两条邻边的关系.

定理　任意三角形 (ABC) 的一边 $(c, $ 图 209$)$ 的平方等于另两条边的平方和减去 2 倍的后两条边及其夹角 (C) 余弦的乘积

$$c^2 = a^2 + b^2 - 2ab \cos C$$

事实上, 根据 §190 或 §191 的结果, 当 $\angle C$ 是锐角或钝角时, 分别有

$$c^2 = a^2 + b^2 - 2a \cdot CD$$

或

$$c^2 = a^2 + b^2 + 2a \cdot CD \tag{$*$}$$

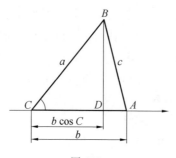

图 209

其中 CD 是从顶点 C 到 BD 的垂线,BD 是从顶点 B 到对边的垂线. 根据 $\cos C$ 的定义($\angle C$ 为锐角时为正,$\angle C$ 为钝角时为负),第一种情形为 $CD = b\cos C$,第二种情形为 $CD = -b\cos C$(图 210). 将 CD 的值代入到相应的方程($*$),在这两种情况下得到相同的公式:$c^2 = a^2 + b^2 - 2ab\cos C$. 最后,当 $\angle C$ 为直角时,我们有

$$\cos C = \cos 90° = 0$$

因此,在这种情况下,余弦定理化简为等式 $c^2 = a^2 + b^2$,由毕达哥拉斯定理可知这是正确的. 因此,余弦定理适用于任意三角形.

162

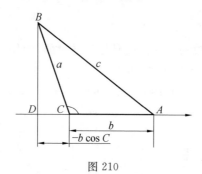

图 210

练　习

428. 计算 $90°, 120°, 135°, 150°, 180°$ 角的正余弦值.

429. 对于 $0°, 90°, 180°$ 的角,定义了 $\tan$ 和 $\cot$ 函数的值?

430. 计算 $120°, 135°, 150°$ 的正切值和余切值.

431. 证明 $\sin(\alpha + 90°) = \cos \alpha, \cos(\alpha + 90°) = \sin \alpha$.

432. 构造角 α 满足:(1)$\cos \alpha = 2/3$;(2)$\sin \alpha = -1/4$;(3)$\tan \alpha = 5/2$;(4)$\cot \alpha = -7$.

433. 如果三角形的一条边长为 a,其邻角分别为 $45°$ 和 $15°$,求三角形的另外两边长.

434. 边长为 3,7,8 的三角形是锐角,直角还是钝角三角形? 计算最短边的对角.

435*. 在 △ABC 中,如果 $AC=7, BC=5, \angle B=120°$,求 AB 的长.

436*. 计算:(1)15°;(2)22°30′ 的正余弦值.

437*. 计算 $\cos 18°$.

438*. 证明若过圆直径的两个端点作两条相交弦,则每条弦与其上从直径端点到交点的线段乘积之和等于常量.

439. 证明三角形的边 a 可由对角和外接圆的半径 R 表示为 $a=2R\sin A$.

440. 推导正弦定理:在每个三角形中,边与对角的正弦成正比.

441*. 两个直角三角形在公共斜边 h 的两侧,用 h 与三角形锐角正弦值表示两个直角顶点的距离.

提示:应用托勒密定理.

442. 证明正弦函数的加法法则:$\sin(\alpha+\beta)=\sin\alpha\cos\beta+\cos\alpha\sin\beta$.

提示:应用前一问题的结果.

163

443*. 在给定线段 AB 上选择一点 M,并作两个等圆:一圆过点 A 和点 M,一圆过点 M 和点 B,求这两个圆的第二个交点(即,不是点 M) 的几何轨迹.

第 8 节　　代数在几何中的应用

§206　黄金比例

有人说,将一条线段分成两部分,若较长线段是较短线段和整条线段的几何中项,则称将这条线段黄金分割. 换句话说,整条线段与较长线段之比等于较长线段与较短线段之比.[①] 我们将在此解决下列作图问题:

问题　将一条线段黄金分割.

如果我们找到两条所求线段之一,例如较长线段,那么问题就迎刃而解了. 首先问题不仅在于线段的构造,还在于其长度的计算. 这样就可以代数地解决这个问题. 即,如果 a 表示整条线段的长度,x 表示所求较长线段的长度,则另一

---

① 这个比例有很多种叫法,例如:黄金比例,黄金分割比,黄金均值,以及神圣比.

线段的长度为 $a-x$，从而由题意可列方程

$$x^2 = a(a-x)$$

或

$$x^2 + ax - a^2 = 0$$

解这个二次方程，得到两个解

$$x_1 = -\frac{a}{2} + \sqrt{\left(\frac{a}{2}\right)^2 + a^2}, x_2 = -\frac{a}{2} - \sqrt{\left(\frac{a}{2}\right)^2 + a^2}$$

将第二个解舍去，化简第一个解

$$x_1 = -\frac{a}{2} + \sqrt{\left(\frac{a}{2}\right)^2 + a^2} = \sqrt{\frac{5a^2}{4}} - \frac{a}{2} = \frac{\sqrt{5}a}{2} - \frac{a}{2} = \frac{\sqrt{5}-1}{2}a$$

因此该问题有唯一解．如果可以构造线段，其长度由这个公式计算得到，那么我们原问题也随之而解．因此，该问题归结为构造一个给定公式．

事实上，以化简前的形式构造这个公式更为方便．考虑

$$\sqrt{\left(\frac{a}{2}\right)^2 + a^2}$$

164

我们注意到，它表示直角三角形的斜边长度，其直角边长分别为 $a/2$ 和 a．从而只要构造上述直角三角形，从它的斜边减去 $a/2$，就得到了线段 x_1．因此，可以按以下方式进行作图．

如图 211，取给定线段 $AB = a$ 的中点 C．过端点 B 作 AB 的垂线使得 $BD = BC$，连接 A,D 两点得到直角三角形 ABD，其边长 $AB = a, BD = a/2$．因此，斜边长 $AD = \sqrt{a^2 + (a/2)^2}$．若要从 AD 中减去 $a/2$，以点 D 为圆心，以 $BD = a/2$ 为半径画弧 BE，则斜边的剩余线段 AE 等于 x_1．在 AB 上截取线段 $AG = AE$，得到点 G，则点 G 将线段 AB 分为黄金比例．

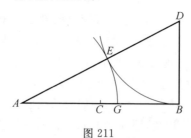

图 211

§207 作图问题的代数解法

我们把代数方法应用于几何学,解决了上面所论述的问题.这是一个通用方法,内容如下.首先确定问题所求线段,用 $a,b,c,\cdots$ 表示已知线段,用 x 表示所求线段,并根据题意和已知定理,用代数方程的形式表示这些量之间的关系.其次,应用代数法求解方程,研究解公式,即确定解的存在性和解的个数.最后,构造求解公式,即用直尺和圆规构造一条长度由公式表示的线段.

因此,几何作图问题的代数方法一般由四个步骤组成:(1)推导方程;(2)求解方程;(3)研究求解公式;(4)构造公式.

有时,一个问题会归结为找到几条线段.分别用字母 $x,y,z,\cdots$ 来表示线段长度,并找到方程个数与未知数一样多的方程组.

§208 初等公式的作图

假设用代数方法求解一个作图问题,我们得到了一个求解公式,它通过给定长度 $a,b,c,\cdots$ 来表示所要求的长度 x,并且只使用加、减、乘、除算术运算,以及开平方根运算.我们将在这里演示如何用直尺和圆规来构造这样的公式.

首先,取给定线段之一作为长度单位,如 a.因此假设所有线段长度都可用数字表示.故用给定线段表示所求线段公式的问题,可转化为用给定数 $a=1,b$, $c,\cdots$,通过四则运算和开平方根运算来表示所求数 x 的公式.因此,只要用直尺和圆规演示如何用给定数及其五种基本运算得到结果即可.

(1)通过在数轴上截取线段,可以很容易地用给定线段表示数的加、减法(使用圆规).

(2)基于泰勒斯(Thales)定理,如图 212 所示作平行直线族与角的两边相交,可表示数的乘、除法.即比例

$$\frac{x}{b}=\frac{c}{1}, \frac{x}{1}=\frac{b}{c}$$

分别等价于 $x=bc, x=b/c$.

(3)要求给定数 b 的平方根 x,只要构造 b 和 1 之间的几何平均数,如图 213 所示.

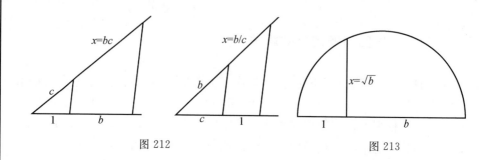

图 212　　　　　　　　　　　图 213

因此,只涉及给定数的算术运算和开平方根运算的代数表达式都能用直尺和圆规来构造.

练　　习

444. 构造 $18°$ 角.

445. 等腰三角形的一个底角平分线与原三角形相交,截得一个相似于原三角形的三角形.

446. 已知三条线段 a,b,c,构造第四条线段 x 满足 $x:c=a^2:b^2$.

447. 构造用公式表示长度的线段:(1) $x=abc/de$;(2) $x=\sqrt{a^2+bc}$.

448. 已知锐角三角形的底边为 a,高为 h,计算三角形内切正方形的边长 x,即令正方形的一边在三角形的底边上,其他顶点在三角形的侧边上.

449. 半径分别为 R 和 r 的两个圆,圆心距离为 d,作两圆的一条公切线.计算切线与连心线的交点位置,当交点在:(1) 两圆心的一侧;(2) 两个圆心之间.

450. 证明:如果一个三角形的两条中线长度相等,则该三角形是等腰三角形.

提示:用代数法和 §193.

451. 在给定圆的外部,找到一个点,使得从这个点作圆的切线等于从这个点作过圆心的割线的一半.

452. 过给定圆外的一个定点作一条割线,将圆分成给定比例.

453. 作给定扇形的内切圆.

454*. 已知三角形的三条高线,构造这个三角形.

提示:首先推导三角形相似,即高度 h_a,h_b,h_c 与各边 a,b,c 成反比,即 $h_a:h_b:h_c=\dfrac{1}{a}:\dfrac{1}{b}:\dfrac{1}{c}$.

第 9 节　坐　　标

§209　笛卡儿坐标

由 §153 知如何用实数来确定数轴上的点. 平面上的点同样可以用有序的实数对来确定. 一个重要的方法是引入笛卡儿坐标.[①] 要在平面上构造一个笛卡儿坐标系, 选择一个点 O(图 214) 和两条过点 O 的垂线. 接着选择一个长度单位, 并分别在第一条和第二条直线上标记单位长度的线段 OA 和 OB. 点 O 称为坐标系的原点, 无穷直线 OA 和 OB 分别称为第一坐标轴和第二坐标轴.

接下来, 在每条坐标轴上选择原点来表示数字 0, 点 A(B) 表示第一(第二)坐标轴上的数字 1.

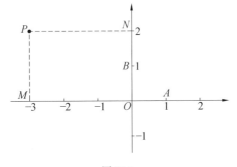

图 214

现在, 已知坐标系及平面上任一点 P, 我们将有序实数对 (x, y) 分别称为点 P 的第一、第二坐标. 即, 过点 P 作两直线 PN, PM 分别平行于坐标轴 OA 和 OB. 直线 OM(ON) 和第一(第二)坐标轴的交点 M(N) 是这条坐标轴上的一个实数, 记为 $x(y)$. 例如, 在图 214 中的点 P 坐标 $x = -3, y = 2$. 反之亦然, 点 P 可由其坐标 (x, y) 确定. 也就是说, 在第一条和第二条坐标轴上分别标记表示 x 和 y 的点, 再过这两个点作坐标轴的垂线. 显然, 点 P 是这两条垂线的交点. 这样我们就将平面上的点和坐标系上的有序实数对建立了一一对应. 所以, 在此

---

① 笛卡儿一词起源于笛卡儿的拉丁名字 René Descartes (1596—1650), 他是将代数的系统应用引入到几何学的法国哲学家.

作图中坐标可以是任意实数,将 $P(x,y)$ 记为第一、第二坐标分别为 x 和 y 的点 P(如 $P(-3,2)$ 表示坐标为 $x=-3,y=2$ 的点).

§210　坐标距离公式

问题　如图 215,在笛卡儿坐标系中,计算连接点 $P(x,y)$ 和 $P'(x',y')$ 的线段长度.

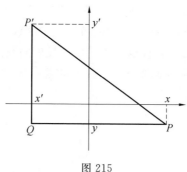

图 215

直线 PQ 和 $P'Q$ 分别平行于第一、第二坐标轴,且垂直(因为坐标轴垂直),交于点 Q.假设线段 PP' 不平行于任一条坐标轴,则 PP' 是直角三角形 PQP' 的斜边.根据毕达哥拉斯定理,则 $P(x,y)$ 和 $P'(x',y')$ 间距离等于

$$PP' = \sqrt{(x-x')^2 + (y-y')^2}$$

当 PP' 平行于其中一条坐标轴时,直角三角形 PQP' 变成了一条线段,但显然上述距离公式仍成立(因为在这种情况下 $x=x'$ 或 $y=y'$).

§211　坐标法

用坐标法可解决几何问题.下面举例说明.

问题　用坐标证明余弦定理.

在 $\triangle ABC$ 中,设 a,b,c 分别是顶点 A,B,C 的对边.求证

$$c^2 = a^2 + b^2 - 2ab\cos C$$

如图 216,以顶点 C 为原点建立笛卡儿坐标系,边 CB 在第一坐标轴正半轴上,第二坐标轴在相对于点 A 的 CB 一侧,则顶点 C,B,A 的坐标分别为 $(0,0)$,$(a,0)$(由作图),$(b\cos C,b\sin C)$(由正余弦定义).点 A 和点 B 间的距离可用 §210 的坐标距离公式计算,$(x,y)=(b\cos C,b\sin C)$,$(x',y')=(a,0)$,即

168

$$c^2 = (b\cos C - a)^2 + (b\sin C)^2 = b^2\cos^2 C - 2ab\cos C + a^2 + b^2\sin^2 C$$

等式右边第一个被加数和最后一个被加数相加等于 b^2，因为 $\cos^2 C + \sin^2 C = 1$，从而得到 $c^2 = a^2 + b^2 - 2ab\cos C$.

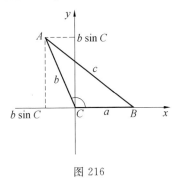

图 216

§212　几何轨迹及其方程

几何轨迹上的点的坐标 (x, y) 都是这个方程的解，可以说这个几何轨迹是由这个方程确定的，称为方程的解的轨迹. 坐标系中的许多几何轨迹可用适当方程的解的轨迹来描述. 这里我们讨论直线和圆的方程.

问题　找到坐标满足方程 $\alpha x + \beta y = \gamma$ 的点 $P(x, y)$ 的几何轨迹，其中 α，β，γ 已知.

当 $\alpha = \beta = 0$ 时，方程左边等于 0，所以当 $\gamma = 0$ 时，问题中的几何轨迹是平面上的所有的点，当 $\gamma \neq 0$ 时，不存在这样的点. 所以假设系数 α, β, γ 中至少有一个不为 0. 在这种情况下，我们可以说，以满足方程 $\alpha x + \beta y = \gamma$ 的坐标为坐标的点的几何轨迹是一条直线. 为此，假设 $\beta \neq 0$，将方程除以 β，得到一个新方程 $y = px + q$，其中 $p = -\alpha/\beta$，$q = \gamma/\beta$. 显然，方程乘以或除以一个非零数不改变满足方程的点的轨迹. 因此，我们需要证明新方程的解的轨迹是一条直线.

首先考虑 $q = 0$ 的情况. 满足方程 $y = px$ 的点，其坐标 (x, y) 满足形式 (x, px). 这些点的轨迹显然包含每一个 x 值并包括：坐标为 $(0, 0)$ 的原点 O（图 217）；坐标为 $(x, y) = (1, p)$ 的点 P；与点 P 关于原点 O，以任意位似比 x（正数或负数）位似的点. 所以点的轨迹是一条过原点的直线（且不与第二坐标轴平行）.

当 $q \neq 0$ 时，我们注意到，点的轨迹不过原点，但仍然包含坐标为 $(x, y) = (0, q)$ 的点 Q. 此外，直线 $y = px$ 上的每一点 (x, px) 都用新的点 $(x, px + q)$ 替

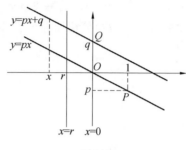

图 217

换,即由旧直线沿 OQ 方向平移.这样,方程 $y = px + q$ 的解形成的直线平行于直线 $y = px$,且过点 $Q(0, q)$.

最后,当 $\beta = 0$ 但 $\alpha \neq 0$ 时,将方程除以 α,得到新方程 $x = r$,其中 $r = \gamma/\alpha$. 当 $r = 0$ 时,解的轨迹是第二坐标轴;当 $r \neq 0$ 时,解 $(x, y) = (r, y)$ 的轨迹是一条平行于第二坐标轴的直线且过点 $(r, 0)$.

因为平面上的任意直线都平行于一条过原点的直线,我们可以总结出,反之亦然,平面上的任意一条直线是方程 $\alpha x + \beta y = \gamma$ 的解的轨迹,其中系数 α, β 至少有一个不为 0.

问题   求过两点 $P'(x', y')$ 和 $P''(x'', y'')$ 的直线方程.

如图 218,设点 $P(x, y)$ 是过点 $P'(x', y')$ 和点 $P''(x'', y'')$ 的直线上的第三个点,则点 P 是点 P'' 关于中心 P' 的位似点(位似比是任意值,可正可负),则直角三角形对应的位似图形有下列比例

$$\frac{x - x'}{x'' - x'} = \frac{y - y'}{y'' - y'}$$

当 $x' \neq x''$,$y' \neq y''$ 时该方程有意义(即当线段 $P'P''$ 不平行于任一条坐标轴时),且可写成 $\alpha x + \beta y = \gamma$ 的形式,其中

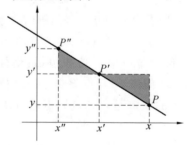

图 218

$$\alpha = \frac{1}{x'' - x'}, \beta = -\frac{1}{y'' - y'}, \gamma = \frac{x'}{x'' - x'} - \frac{y'}{y'' - y'}$$

当 $x' = x''$（或 $y' = y''$）时，直线平行于第二（第一）坐标轴，且有方程 $x = x'$（$y = y'$）．

问题 已知圆的圆心为定点 $C(x_0, y_0)$，半径长为 R，求圆的方程．（图 219）

到点 C 的距离等于 R 的所有的点的轨迹构成圆．应用距离坐标公式，得到方程 $\sqrt{(x - x_0)^2 + (y - y_0)^2} = R$，或等价地

$$(x - x_0)^2 + (y - y_0)^2 = R^2$$

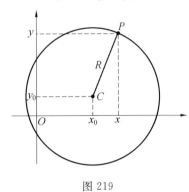

图 219

§213　可构造性

由 §206 可知，用给定量的初等公式表示几何量，即用给定量的四则运算和开平方根运算表示，且可以用直尺和圆规来构造几何量．现在我们可以用坐标法证明其逆命题是真的：

任意几何量都可用直尺和圆规构造出来，且仅用给定量的四则算术运算和开平方根运算表示．

首先，观察到用直尺和圆规作图是下列基本作图的有限推广：

（1）过两定点作一条新直线；

（2）已知圆心和半径作一个新圆；

（3）已知圆心和圆上的点作一个圆；

（4）作两条非平行直线的新交点；

（5）作定直线与定圆的新交点；

（6）作两个非同心圆的新交点．

171

在平面上建立一个笛卡儿坐标系,假设"定点"的坐标是已知的实数,"给定半径"是长度已知的线段. 这样足以表明,基本作图(1)~(6)构造的点,其坐标可由给定数的初等公式表示,或构造的直线和圆的方程系数可由初等公式表示.

(1) 由 §212 的结论,过两定点的直线方程,其系数可由这两个点的坐标经过算术运算得到.

(2) 类似的,已知圆心和半径的圆的方程,其系数是圆心坐标和半径的算术表达式.

(3) 由 §210 的结论,两个给定点之间的距离仅涉及点的坐标的算术运算和开平方根运算. 因此,结论与(2) 相同.

(4) 为了求两条非平行直线的交点坐标,且已知两条直线方程的系数(例如,直线方程为 $2x-3y=1, 6x+5y=7$),我们可将一个方程中的坐标用另一个坐标表示(例如,对于第一个方程,将 x 表示为 $x=(1+3y)/2=0.5+1.5y$),用得到的表达式替换另一个方程中相同的坐标(即 $6(0.5+1.5y)+5y=7$ 或 $8y=4$),从最后的方程式中求出坐标的值($y=4/8=0.5$),再计算前一个坐标的值($x=0.5+1.5\times0.5=1.25$). 这个过程只涉及给定系数的算术运算.

(5) 为了求直线与圆的交点,已知直线和圆的方程
$$\alpha x+\beta y=\gamma \text{ 和} (x-x_0)^2+(y-y_0)^2=R^2$$
将第一个方程中的一个坐标用另一个坐标表示(比如说,若 $\beta\neq0, y=px+q$),在第二个方程中替换这个表达式,则有 $(x-x_0)^2+(px+q-y_0)^2=R^2$(通过完全平方运算以及合并同类项) 很容易化简为 $Ax^2+Bx+C=0$ 形式,其中 A, B, C 是 $\alpha, \beta, \gamma, x_0, y_0, R$ 的算术表达式. 在代数上众所周知,这个方程的解是由系数 A, B, C 表示的,只涉及系数的算术运算和开根号,即(若 $A\neq0$)
$$x=\frac{-B\pm\sqrt{B^2-4AC}}{2A}$$
所以交点的坐标 x 以及另一个坐标 $y=px+q$,都是通过对给定数使用初等公式的推广得到的.

(6) 已知两圆圆心和半径,考虑两圆方程
$$(x-x_1)^2+(y-y_1)^2=R_1^2 \text{ 和} (x-x_2)^2+(y-y_2)^2=R_2^2$$
两圆交点坐标 (x,y) 必然同时满足两个方程. 将方程完全平方得
$$x^2+y^2-2x_1x-2y_1y=R_1^2-x_1^2-y_1^2$$
$$x^2+y^2-2x_2x-2y_2y=R_2^2-x_2^2-y_2^2$$
将方程组中的第二个方程用两个方程的差替换. 结果为

$$2(x_1 - x_2)x + 2(y_1 - y_2)y = \gamma \qquad\qquad (*)$$

其中 γ 是给定数的算术表达式.因为两圆是非同心圆,则差 $x_1 - x_2$ 和 $y_1 - y_2$ 不等于 0,因此方程($*$)是一条直线.从而问题(6)求已知圆心和半径的两个非同心圆交点,可转为问题(5)求已知方程系数的直线与圆的交点.所以两个非同心圆交点坐标也由给定数的初等运算的推广得到.

注 我们知道,两个圆至多有两个公共点(§104),这两个点必在连心线的垂线上(§117).我们的结果表明,如何用两圆半径和圆心来表示这条直线的方程(即($*$)).

练 习

455.证明三个顶点为 $A(2,-3),B(6,4),C(10,-4)$ 的三角形是等腰三角形.它是锐角,直角或钝角三角形吗?

456.证明三个顶点为 $A(-3,1),B(4,2),C(3,-1)$ 的三角形是直角三角形.

457.用线段端点坐标表示线段中点坐标.

458.证明三角形重心坐标是三个顶点坐标的算术平均值.

459.正方形 $ABCD$ 的对角线交于原点.若已知点 A 的坐标,求点 B,C,D 的坐标.

460.证明给定正方形的顶点到过其中心的直线的距离平方之和等于常数.

461.计算直角边长为 9 cm,12 cm 的直角三角形的内心到重心的距离.

462.证明对任意矩形 $ABCD$ 和任意一点 P,有 $PA^2 + PC^2 = PB^2 + PD^2$.

463.若三角形的三个顶点到两条给定垂线的距离是整数,那这个三角形是等边三角形吗?

464.用坐标法证明 §193 的结果:平行四边形各边平方之和等于两条对角线平方之和.

465.证明满足方程 $x^2 + y^2 = 6x + 8y$ 的点的轨迹是一个圆,求这个圆的圆心坐标和半径.

466.用坐标法证明阿波罗尼奥斯(Apollonius)定理:到两定点距离之比等于 $m:n$,而不等于 1 的点的轨迹,是一个圆.

467*.证明:若有三个两两相交的圆,则过每两个圆交点的三条直线共点.

173

第4章 正多边形与圆周

第1节 正多边形

§214 定义

如果一个四边形满足:所有的边都相等且所有的内角都相等,那么称这个多边形(§31)是正多边形.一般的,若折线的所有边都相等,在折线同一侧的所有角都相等,则称这条折线(不必封闭)是正折线.例如,图220中的折线有等边和等角,但这些等角分布在折线的两侧,故不是正折线.图221中的五角星,5条边相等,5个内角相等,故五角星是一个正的闭折线.又因为五角星有自相交的部分,所以五角星不是正多边形.图222中的正五边形是正多边形的一个例子.

图220   图221   图222

下面的定理说明正多边形的结构与等分圆密切相关.

§215 定理

如果把圆等分成几份(大于2份),则:

(1)用弦连接每两个相邻的分割点,得到一个内接于圆的正多边形;

（2）以分割点为切点作切线并延长使其相交，取切线的交点为顶点，得到一个外切于圆的正多边形.

如图 223，假设点 A，B，C，…将圆等分，过分割点分别作弦 AB，BC，…和切线 MBN，NCP，…，那么，对于多边形 $ABCDEF$ 来说，所有的边都相等（等弧对等弦）且所有的角都相等（同弧所对圆周角相等），故内接多边形 $ABCDEF$ 是正多边形.

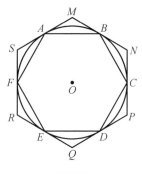

图 223

要证外切多边形 $MNPQRS$ 是正多边形，考虑 $\triangle AMB$，$\triangle BNC$，…. 这些三角形的底边 AB，BC，… 相等，底边上的两个角也相等，因为每个角的度数相等（弦切角等于角所夹的弧所对圆心角的一半）. 因此这些三角形都是等腰三角形，且彼此全等. 从而有，$MN=NP=\cdots$，$\angle M=\angle N=\cdots$，即多边形 $MNPQRS$ 是正多边形.

§216　注

如图 224，如果过圆心 O 作弦 AB，BC，… 的垂线，延长垂线使其与圆相交于点 M，N，…. 这些点平分所有的弧和弦，因此圆被等分. 这样，分别以点 M，N，… 为切点做圆的切线，延长切线使其相交，我们便得到了外切于圆的正多边形 $A'B'C'D'E'F'$，这个正多边形的边分别与内接于圆的正多边形的边平行. 每一对顶点：A 和 A'，B 和 B'，… 都在以 O 为起点的射线上，即在 $\angle MON$ 的角平分线上.

§217　定理

如果一个多边形是正多边形，那么：

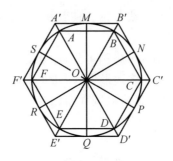

图 224

(1) 存在一个圆外接于此正多边形;

(2) 存在一个圆内切于此正多边形.

(1) 如图 225,过正多边形 $ABCDE$ 的任意相邻三点 A,B,C 作圆,证明点 D 在该圆上.过点 O 作弦 BC 的垂线 OK 并连接 OA,OD. 在空间中以边 OK 为轴翻转四边形 $ABKO$,得到四边形 $DCKO$. 因此,边 KB 将落在边 KC 上(因为 $\angle OKB = \angle OKC = 90°$),点 B 和点 C 重合(因为点 K 平分线段 BC).于是,边 BA 落在边 CD 上(因为 $\angle B = \angle C$),点 A 与点 D 重合(因为 $BA = CD$).综上所述,OA 与 OD 重合,点 O 到 A 与 D 的距离相等.于是,点 D 在过点 A,B,C 的圆上.同理,点 E 也在过点 B,C,D 的圆上;因此多边形的所有顶点都在这个圆上.

176

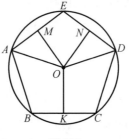

图 225

(2) 在(1)中的正多边形各边可以考虑作为同一个圆的等弦.又因为圆心到这些弦的距离相等,所以从点 O 到多边形各边的垂线 $OM,ON,\cdots$ 都相等.因此,多边形 $ABCDE$ 内切于以 O 为圆心、以 OM 为半径(radius)的圆.

§218 推论

(1) 任意正多边形($ABCDE$,图 226)是凸的,即把正多边形的任一边延长,该正多边形各边都在此延长线的一侧.

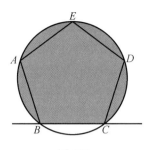

图 226

例如,事实上,延长边 BC,直线 BC 将圆分成了两段弧.因为多边形的所有顶点都在圆上,所以这些点必在其中一条弧上(否则,折线 $BAEDC$ 将与线段 BC 相交,这与多边形的定义矛盾).于是,整个正多边形在以弧 $BAEDC$ 和线段 BC 为界的弓形上,因此正多边形各边在直线的一侧.

(2) 从定理的证明易知,正多边形的内切圆和外接圆是同心圆.

§219　定义

称正多边形的内切圆和外接圆的公共圆心为正多边形的中心.中心在正多边形的每一条角平分线上,也在每一条边的垂直平分线上.因此,为了确定正多边形的中心,只要找到该正多边形2条角平分线的交点,或者是2条垂直平分线的交点,或者是1条角平分线和1条垂直平分线的交点即可.

称正多边形外接圆的半径为正多边形的半径,将正多边形内切圆的半径称为正多边形的边心距.将到任意边端点的两条半径所夹角称为正多边形的中心角.正多边形中心角的个数与边数相等,且彼此相等(等弧所对圆心角相等).

因为所有中心角的和等于 $4d(360°)$,所以每个中心角等于 $4d/n(360°/n)$.其中,n 是正多边形的边数.所以,正六边形的中心角等于 $360°/6 = 60°$,正八边形(即 $8 - \text{gon}$)的中心角等于 $360°/8 = 45°,\cdots\cdots$

§220　定理

边数相等的正多边形相似,它们的边与半径或边心距有相同的相似比.

为了证明正 n 边形 $ABCDEF$ 和正 n 边形 $A'B'C'D'E'F'$ 相似(图227),只要证明它们对应角相等、对应边成比例即可.对应角相等,因为这些角的度数相等,即 $2d(n-2)/n$(详见 §82).因为 $AB = BC = CD = \cdots$,并且 $A'B' = B'C' =$

$C'D' = \cdots$,所以有

$$\frac{AB}{A'B'} = \frac{BC}{B'C'} = \frac{CD}{C'D'} = \cdots$$

即这两个正多边形的对应边成比例.

如图 227,假设正多边形 $ABCDEF$ 和 $A'B'C'D'E'F'$ 的中心分别是 O 和 O',OA 和 $O'A'$ 是半径,OM 和 $O'M'$ 是边心距. 因为 $\triangle OAB$ 与 $\triangle O'A'B'$ 对应角相等,所以它们是相似的. 从而有

$$\frac{AB}{A'B'} = \frac{OA}{O'A'} = \frac{OM}{O'M'}$$

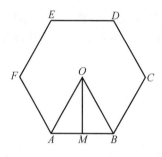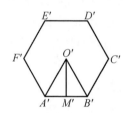

图 227

推论 因为相似多边形的周长与它们对应边(§169)有相等的相似比,所以相似正 n 边形的周长和它们的半径、边心距的相似比也相等.

例题 假设 a 和 b 是边数相等的两个正多边形的边,它们分别内接、外切于半径为 R 的圆. 外切多边形的边心距等于 R. 在直角 $\triangle AOM$(图 227)中,内接多边形的边心距 OM 满足

$$OM^2 = R^2 - \left(\frac{a}{2}\right)^2 = R^2 - \frac{a^2}{4}$$

因为内接多边形和外切多边形是相似的,所以我们能得到边和边心距的比例为

$$\frac{b}{a} = \frac{R}{\sqrt{R^2 - \dfrac{a^2}{4}}}$$

即

$$b = \frac{aR}{\sqrt{R^2 - \dfrac{a^2}{4}}}$$

这样,我们就通过内接正多边形的边和半径表示出外切正多边形的边长公式.

§221　正多边形的对称性

在一个正多边形的外接圆中,过任意一个顶点 C 作直径(diameter)CN(图 228).该直径将圆和多边形分为 2 部分.考虑将 2 部分中的 1 部分(不妨假设是左边部分)在空间中以直径为轴,进行翻转,使其落到另一侧(也就是右边).那么,左侧的半圆就会与右侧的半圆重合,弧 CB 与弧 CD 重合(因为这两条弧相等),弧 BA 与弧 DE 重合,……,于是,弦 BC 与弦 CD 重合,弦 AB 与弦 DE 重合,…….因此,正多边形外接圆的过多边形任意顶点的直径是这个正多边形的对称轴.也就是说,每一点对如点 B 和点 D,点 A 和点 E,…… 都在直径 CN 的垂线上,并且这些点对到直径的距离相等.

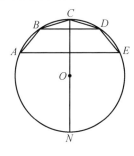

图 228

如图 229,作外接圆的直径 MN,使其垂直于正多边形的边 CD.直径将圆和多边形分为 2 部分.将其中一部分绕直径翻转直到落在另一部分为止,可以发现多边形的一部分与另一部分重合.从而得出结论:垂直于正多边形任意边的外接圆直径都是正多边形的对称轴.

同时,每一点对如点 B 和点 E,点 A 和点 F,…… 都在直径 MN 的垂线上,并且这些点对到直径的距离相等.

如果正多边形的边数是偶数,则过多边形任意顶点的直径也过该顶点的对顶点,同样的,垂直于多边形任意一边的直径也垂直于该边的对边.如果正多边形的边数是奇数,则过多边形任意顶点的直径与该点的对边垂直,反之,垂直于正多边形任意边的直径过该边的对点.例如,正六边形有 6 条对称轴(axes of symmetry):3 条对称轴过顶点,3 条对称轴与边垂直;正五边形有 5 条对称轴,每一条对称轴都过一个顶点且与对边垂直.

边数是偶数的正多边形有一个对称中心,该对称中心与正多边形的中心

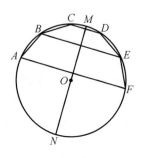

图 229

重合(图 230).事实上,对于连接多边形对边上的 2 点并过中心 O 的直线 KL 都被对称中心平分(图 230 中阴影部分 $\triangle OBK$ 和 $\triangle OEL$ 全等).

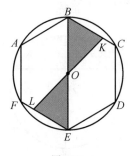

图 230

最后,我们可以通过将多边形自身绕对称中心以任意方向旋转 $4d/n$ 角度来确定正 n 边形.例如,如图 230,绕点 O 顺时针旋转 $60°$,于是 AB 就到了 BC 的位置,BC 就到了 CD 的位置,……

§222 问题

作圆的内接正多边形:(1) 正方形;(2) 正六边形;(3) 正三角形.推导正多边形的边与圆半径的关系式.

用 a_n 表示内接于圆的正 n 边形的边,其中圆的半径为 R.

(1) 在图 231 中,作两条互相垂直的直径 AC 和 BD,将直径 AC 和 BD 的端点首尾顺次相连,则四边形 $ABCD$ 即为内接于圆的正方形(因为四边形 $ABCD$ 的每个内角都是 $90°$ 且对角线互相垂直).在直角三角形 AOB 中,根据毕达哥拉斯定理,有

$$a_4^2 = AB^2 = AO^2 + OB^2 = 2R^2$$

即

$$a_4 = R \cdot 1.414\ 2\cdots$$

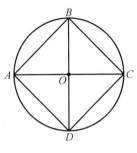

图 231

（2）如图 232，作 60° 圆心角所对的弦，即正六边形中心角所对的弦。在等腰三角形 AOB 中，$\angle A = \angle B = (180° - 60°)/2 = 60°$。因此，三角形 AOB 是等角的，同时也是等边的，于是有

$$AB = AO$$

即 $a_6 = R$.

181

特别的，我们得到了一个将圆 6 等分的简单方法：在圆内连续作半径长度的 6 条弦。

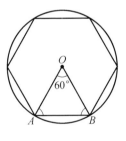

图 232

（3）为了构造圆的内接正三角形，首先将圆 6 等分（图 233），接着每间隔一个点再连接分割点。这样便得到一个等边三角形 ABC，同时它也是正三角形。进一步，作直径 BD，连接 AD，得到直角 $\triangle BAD$。根据毕达哥拉斯定理，有

$$AB = \sqrt{BD^2 - AD^2} = \sqrt{(2R)^2 - R^2}$$

即

$$a_3 = \sqrt{3}R = R \cdot 1.732\ 1\cdots$$

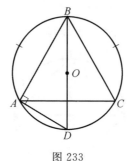

图 233

§223 问题

作圆的内接正十边形,推导边 a_{10} 与 R 的关系式.

我们首先要证明下述关于正十边形的一个重要性质. 如图 234,假设 AB 是正十边形的一条边. $\angle AOB$ 等于 $36°$,等腰三角形 AOB 中,$\angle A = \angle B = (180° - 36°)/2 = 72°$. 用直线 AC 将 $\angle A$ 二等分,则有 $\angle BAC = \angle CAD = 36°$,故 $\triangle ACO$ 是等腰三角形($\angle CAO = \angle COA = 36°$),即 $AC = CO$,$\triangle AOC$ 也是等腰三角形(因为 $\angle B = 72°$,$\angle ACB = 180° - 72° - 36° = 72°$),即 $AB = AC = CO$. 由角平分线性质($§184$)知 $AO : AB = CO : CB$. 用 BO 和 CO 替换 AO 和 AB,得到

$$BO : CO = CO : CB$$

换句话说,点 C 是半径 BO 的黄金分割点($§206$),CO 是较长线段. 因此,圆的内接正十边形的边长等于半径黄金分割的较长线段. 特别的(详见 $§206$),边 a_{10} 可由二次方程求得

$$x^2 + Rx - R^2 = 0$$

即

$$a_{10} = x = \frac{\sqrt{5} - 1}{2} R = R \cdot 0.618\cdots$$

现在作图问题很容易解决:将一条半径(如 OA)黄金分割,设圆规的步长等于较长线段,以此步长在圆上连续标记 10 个点,首尾顺次相连这 10 个点.

注 (1) 为了作定圆的内接正五边形,将圆周十等分,每间隔一个点再连接分割点.

(2) 类似地可作五角星,将圆周十等分,每间隔三个点再连接分割点(图 235).

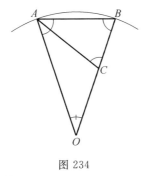

图 234

图 235

（3）方程

$$\frac{2}{5}-\frac{1}{3}=\frac{6}{15}-\frac{5}{15}=\frac{1}{15}$$

给出了一种构造正十五边形的简单方法,因为我们知道如果将一个圆周三等分和五等分.

§224　问题

将正多边形的边数增加一倍.

这是两个不同问题的简明表述:已知圆的正内接 n 边形,(1) 作同圆的正内接 $2n$ 边形;(2) 利用正 n 边形的边和半径计算正 $2n$ 边形的边长.

(1) 如图 236,设 AB 是圆的正内接 n 边形的一条边,圆心为 O. 作 $OC \perp AB$,连接点 A 和点 C.点 C 平分 $\overset{\frown}{AB}$,所以弦 AB 是同一个圆的正内接 $2n$ 边形的一条边.

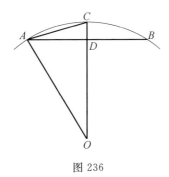

图 236

(2) 在 $\triangle AOC$ 中,$\angle O$ 是锐角(因为 $\overset{\frown}{ACB}$ 小于半圆,所以 $\overset{\frown}{AC}$ 小于四分之一圆周).应用 §190 的定理

$$a_{2n}^2 = AC^2 = OA^2 + OC^2 - 2OC \cdot OD = 2R^2 - 2R \cdot OD$$

在直角 $\triangle AOD$ 中,有

$$OD = \sqrt{OA^2 - AD^2} = \sqrt{R^2 - (a_n/2)^2} = \sqrt{R^2 - a_n^2/4}$$

所以

$$a_{2n}^2 = 2R^2 - 2R\sqrt{R^2 - \frac{a_n^2}{4}}$$

边 a_{2n} 是由开平方根的二倍公式得到的.

例题　计算正 12 边形的边长,为方便计算,取 $R = 1$(即 $a_6 = 1$). 有

$$a_{12}^2 = 2 - 2\sqrt{1 - \frac{1}{4}} = 2 - 2\sqrt{\frac{3}{4}} = 2 - \sqrt{3}$$

即

$$a_{12} = \sqrt{2 - \sqrt{3}}$$

因为正 n 边形的边长与半径成正比,则对任意半径为 R 的圆的正内接 12 边形的边长公式为

184

$$a_{12} = R\sqrt{2 - \sqrt{3}} = R \cdot 0.517\cdots$$

§ 255

用直尺和圆规可构造哪个正多边形?

用上一问题叙述的方法,只用直尺和圆规,我们可将圆周分为几个相等部分(作对应的正多边形),如下所示:

3,	$3 \cdot 2$,	$3 \cdot 2 \cdot 2$,	$\cdots$	一般地	$3 \cdot 2^n$;
4,	$4 \cdot 2$,	$4 \cdot 2 \cdot 2$,	$\cdots$	一般地	2^n;
5,	$5 \cdot 2$,	$5 \cdot 2 \cdot 2$,	$\cdots$	一般地	$5 \cdot 2^n$;
15,	$15 \cdot 2$,	$15 \cdot 2 \cdot 2$,	$\cdots$	一般地	$3 \cdot 5 \cdot 2^n$;

德国数学家高斯(Gauss,1777—1855) 证明了,用直尺和圆规可将圆周分为素数个相等部分,其中素数满足公式 $2^{2^n} + 1$. 例如,可将一个圆 17 等分,或 257 等分,因为 17 和 257 是形如 $2^{2^n} + 1$ 的素数($17 = 2^{2^2} + 1, 257 = 2^{2^3} + 1$). 高斯定理的证明需要超越初等数学的方法.

他还证明了用直尺和圆规可将一个圆分成合数个相等部分,合数没有其他因子除了:(1) 形如 $2^{2^n} + 1$ 的素数因子,1 次幂;(2) 因子 2,任意次幂.

称整数 $F_n = 2^{2^n} + 1$ 为费马数,因为著名的法国数学家费马(1601—1665)

（错误地）猜测所有这样的数都是素数. 目前只知道前五个费马数是素数

$$F_0 = 3, F_1 = 5, F_2 = 17, F_3 = 257, F_4 = 65\ 537$$

练　习

468. 求半径为 R 的圆的内接正 n 边形的边长公式: (1) $n = 24$; (2) $n = 8$; (3) $n = 16$.

469. 求给定半径的圆的内接正三角形和内接正六边形的边长公式.

470. 设 AB, BC, CD 是正多边形的三条相邻边, 正多边形中心为 O. 证明: 若 AB 和 CD 的延长线交于点 E, 则四边形 $OAEC$ 内接于圆.

471. 证明: (1) 外切等角多边形是正多边形; (2) 内接等边多边形是正多边形.

472. 举例说明: (1) 外切等边四边形不是正四边形; (2) 内接等角四边形不是正四边形.

473. 证明: (1) 每个外切等边五边形不是正五边形; (2) 每个内接等角五边形不是正五边形.

474*. 是否存在 n 使得: (1) 外切等边 n 边形不是正 n 边形; (2) 内接等角 n 边形不是正 n 边形.

475. 证明: 在正五边形中, 不从相同顶点引出的两条对角线, 彼此黄金分割.

476*. 证明若 $ABCDEFG$ 是正七边形, 则 $1/AB = 1/AC + 1/AD$.

477*. 证明正九边形的最长对角线与最短对角线之差等于边长.

478. 切割正方形的四个角, 使得到的八边形是正八边形.

479. 在一条给定边上, 作正十边形.

480. 构造角: $18°$, $30°$, $72°$, $75°$, $3°$, $24°$.

481. 在正方形上作内接正三角形, 使得三角形的一个顶点: (1) 在正方形的一个顶点处; (2) 在正方形一条边上的中点处.

482. 在等边三角形中, 作内接等边三角形, 使得内接三角形的一边垂直于大三角形的一边.

483. 已知圆的外切正 n 边形, 作外切于同一个圆的正 $2n$ 边形.

484*. 将等于 $1/7$ 周角的定角: (1) 三等分; (2) 五等分.

第 2 节 极 限

§226   曲线长度

一条直线段可与另一条直线段相比较,因为直线可以相互叠加. 这就是我们如何定义哪些线段全等,即哪些线段长度相等或不等,什么是线段求和,哪条线段大于另一条线段的 2 倍,3 倍,4 倍,……. 同样,我们可以比较相同半径的弧,因为相同半径的圆可相互叠加. 然而,圆的任何部分(或另一条曲线)都不能叠加到直线段上,这使得无法确定哪一段曲线段与给定的直线段长度相同,因此应该将曲线段认为是比直线段的 2 倍,3 倍,4 倍长. 因此,当我们将圆周(或其一部分)与直线段进行比较时,我们需要将圆周定义为圆的长度.

为此,我们需要引入一个对所有数学都很重要的概念,即极限概念.

186

§227   数列极限

在代数或几何问题中经常会遇到遵循某种规则排列的数列. 例如,自然数列

$$1,2,3,4,5,\cdots$$

算术或几何级数

$$a,a+d,a+2d,a+3d,\cdots$$
$$a,aq,aq^2,aq^3,\cdots$$

是无穷数列(numerical sequences).

对于每一个这样的数列,我们都可以指定一个规则来形成它的每一项. 因此,在算术级数中,每一项与前一项的差都是同一个数;在几何级数中,每两个连续项的比值都相同.

许多数列是根据一个更复杂的模式形成的. 因此,求 $\sqrt{2}$ 的近似值,其精确度分别为:$1/10,1/100,1/1\,000$,依此无限地进行下去,我们得到无穷数列

$$1.4,1.41,1.414,1.414\,2,\cdots$$

虽然我们没有给出一个简单的规则使得能从前一项确定下一项,但可以定义数列的每一个项. 例如,为了得到上述数列的第 4 项,我们需要计算精确度为

0.000 1 的 $\sqrt{2}$ 的近似值,要求第 5 项,计算精确度为 0.000 01 的 $\sqrt{2}$ 的近似值,依次类推.

假设无穷数列 $a_1, a_2, a_3, \cdots, a_n, \cdots$,当 n 无限增大时,数列各项接近某个数 A.定义如下:存在数 A,对于一个任意小的正数 q,都可在给定数列中找到一个项,使得从这一项开始,后面的所有项与 A 的差的绝对值都小于 q.我们将简单地表示这个性质,即随着 n 的增加,$a_n - A$ 的差的绝对值趋于 0(或术语 a_n 趋于 A).在这种情况下,称数 A 为给定数列的极限.

例如,考虑数列 $0.9, 0.99, 0.999, \cdots$,其中后一项可由前一项在最右面加上一个数字 9 得到.显然数列各项趋于 1.即,第一项与 1 的差是 0.1,第二项是 0.01,第三项是 0.001,继续这个过程,直至找到一项,从这项开始后面的项与 1 的差小于一个量,如前面所示,选择一个尽可能小的量.因此,我们可以说问题中的数列有极限,极限为 1.

数列有极限的另一个例子是线段长度的连续近似值数列(比如说,不足近似),精确度分别为 1/10, 1/100, 1/1 000, $\cdots$.这个序列的极限是无限小数,表示线段长度.事实上,无限小数在两个有限小数近似值之间:不足近似和过剩近似.参阅 §152 的注,两个近似值的差,随着精确度减小而趋于 0.因此无限小数和近似值的差也趋于 0.这样无限小数是两个有限小数近似值数列的极限(一个是过剩近似,一个是不足近似).

显然不是每一个无穷数列都有极限;例如,自然数列 $1, 2, 3, 4, 5, \cdots$ 没有极限,因为数列各项无限增大,所以不趋于任何数.

§228　定理

任一个无穷数列至多有一个极限.

这个定理用归谬法很容易证明.事实上,假设已知数列

$$a_1, a_2, a_3, \cdots, a_n, \cdots$$

有两个极限 A 和 B.因为 A 是给定数列的极限,随着 n 的增加,$a_n - A$ 的绝对值趋于 0.因为 B 也是给定数列的极限,随着 n 的增加,$a_n - B$ 的绝对值也趋于 0.所以当 n 足够大时,差 $(a_n - A) - (a_n - B)$ 的绝对值也趋于 0,即小于一个要多小就有多小的一个量.但是差 $(a_n - A) - (a_n - B)$ 等于 $B - A \neq 0$,且不管 n 怎么变化,$B - A$ 值不变.这与我们假设数列有两个极限产生矛盾.

§229 递增数列的极限

考虑数列

$$a_1, a_2, a_3, \cdots, a_n, \cdots \qquad\qquad (*)$$

满足每一项都大于前一项(即 $a_{n+1} > a_n$),同时所有项都小于数 M(即对任意 n 都有 $a_n < M$). 在这种情况下,数列有一个极限.

§230 证明

设 $a_1, a_2, a_3, \cdots, a_n, \cdots$ 是一个数列且每一项都大于前一项($a_{n+1} > a_n$),满足数列的每一项都不大于数 M,比如说,不存在哪一项大于 10. 取数 9,比对数列 $(*)$ 中是否有大于 9 的项. 假设没有,则取数 8,再比对数列 $(*)$ 中是否有大于 8 的项. 假设存在这样的项,则保留 8,将 8 到 9 的区间 10 等分,再分别比对 8.1,8.2,$\cdots$,8.9,检查在数列 $(*)$ 中是否有大于 8.1 的项,如果有,则取 8.2,依次类推. 假设数列 $(*)$ 中有大于 8.6 的项,但没有大于 8.7 的项,则保留 8.6,将 8.6 到 8.7 的区间 10 等分,再分别比对 8.61,8.62,$\cdots$,8.69. 假设数列 $(*)$ 中没有大于 8.65 的项,则保留 8.64,再将 8.64 到 8.65 的区间 10 等分,依次类推. 将这个过程无限地进行下去,得到一个无限小数:8.64$\cdots$,即是一个实数. 记这个数为 α,这个数的有限小数近似值,不足近似值和过剩近似值分别为 α_n 和 α'_n. 由 §151 可知

$$\alpha_n \leqslant \alpha \leqslant \alpha'_n, \quad \alpha'_n - \alpha_n = \frac{1}{10^n}$$

从实数 α 的构造过程来看,数列 $(*)$ 不包含大于 α'_n 的项,但包含大于 α_n 的项. 设 α_k 是满足

$$\alpha_n < \alpha_k < \alpha'_n$$

的一项. 因为数列 $(*)$ 是递增的且不包含大于 α'_n 的项,我们发现,数列中 α_k 之后的项:$\alpha_{k+1}, \alpha_{k+2}, \cdots$,也在 α_n 和 α'_n 之间,即若 $m > k$,则 $\alpha_n < \alpha_m < \alpha'_n$.

因为实数 α 也在 α_n 和 α'_n 之间,可得出结论:对所有的 $m \geqslant k$,差 $a_m - \alpha$ 的绝对值不超过 $\alpha'_n - \alpha_n = \frac{1}{10^n}$. 所以,对任意 n,可找到 k,使得对所有的 $m \geqslant k$,有

$$|a_m - \alpha| < \frac{1}{10^n}$$

随着 n 的无限增大,分数 $\frac{1}{10^n}$ 趋于 0,从而实数 α 是数列 (*) 的极限.

练　　习

485. 精确表述当 n 无限地增大时,无穷数列的项 a_n 趋于 A.

486. 证明数列 $1,1/2,1/3,\cdots,1/n,\cdots$ 趋于 0.

487. 证明数列 $1,-1/2,1/3,-1/4,\cdots,\pm1/n,\cdots$ 趋于 0.

488. 证明自然级数 $1,2,3,\cdots,n,\cdots$ 没有极限.

489. 证明无穷数列 $1,-1,1,-1,\cdots$ 没有极限.

490. 制定一个规则,描述两个给定的无限小数中哪一个更大.

491. 下列哪个小数较大?

(1)0.099 999 或 0.100 000;(2)0.099 999$\cdots$ 或 0.100 000$\cdots$?

492*. 证明若一个无穷数列有极限,则该数列有界,即数列的所有项都在数轴上的某一线段上.

493. 证明有下界的递减数列有极限.

494. 证明无穷几何级数 $a,aq,aq^2,\cdots$ 趋于 0,其中 $|q|<1$.

495. 蚂蚁第一次爬行了 1 m,第二次爬行了 1/2 m,第三次爬行 1/4 m,再一次爬行 1/8 m,依次类推,则蚂蚁爬行的总距离是多少.

496*. 计算无穷几何级数 $a,aq,aq^2,\cdots$ 的和,其中 $|q|<1$.

提示:首先证明有限几何级数的和 $a+aq+aq^2+\cdots+aq^n$ 等于 $a(1-q^{n+1})/(1-q)$.

第 3 节　　圆周和弧长

§231　两个引理

极限概念给了我们机会去精确地定义我们所说的圆的长度.首先我们证明两个引理.

引理 1　凸折线 $ABCD$(图 237)比包含折线 $ABCD$ 的其他任何折线 ($AEFGD$)都短.

短语"enclosing broken line"和"enclosed broken line"应按下列意义理解.设两条折线(图 237)有相同端点 A 和 D,满足一条折线($ABCD$)在以另一

条折线为界的多边形内,且有公共线段 AD,则外部折线被看作是 enclosing,内部折线看作是 enclosed.

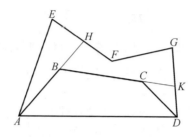

图 237

我们要证明,若内含折线 $ABCD$ 是凸折线,则内含折线 $ABCD$ 比任意外围折线(无论凹凸) 都短,即

$$AB + BC + CD < AE + EF + FG + GD$$

如图 237,延长内含折线各边.考虑连接折线端点的直线段小于折线段,则有下列不等式

$$AB + BH < AE + EH$$
$$BC + CK < BH + HF + FG + GK$$
$$CD < CK + KD$$

将这些不等式相加,在不等式两边同时减去辅助线段 BH, CK,则分别用 EF 和 GD 替换 $EH + HF$ 和 $GK + KD$,得到的不等式即为所求.

注 如图 238,如果内含折线不是凸折线,将不能应用上述方法.事实上,在这种情况下,结果将是大于外围折线.

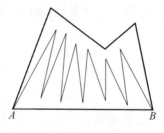

图 238

引理 2 凸多边形 $ABCD$ 的周长比外围折线 $ABCD$ 的任何其他折线($MNPQRL$)的周长都短(图 239).

求证 $AB + BC + CD + DA < LM + MN + NP + PQ + QR + RL$.

向两个方向延长凸多边形的一条边 AD,应用前一个关于折线 $ABCD$ 和

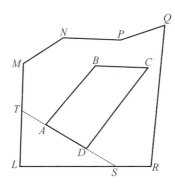

图 239

$AEFGD$ 的引理,连接点 A 和点 D,得到不等式

$$AB + BC < AT + TM + MN + NP + PQ + QR + RS + SD$$

另一方面,因为线段 ST 短于折线 SLT,则有

$$TA + AD + DS < TL + LS$$

将这两个不等式相加,从不等式两边减去辅助线段 AT 和 DS. 分别用 LM
和 LR 替换 $TL + TM$ 和 $LS + RS$,得到的不等式即为所求.

§232　圆周长定义

定圆的一个内接正多边形,例如正六边形,如图 240,在任一条直线 MN
(图 241)上截取与正六边形周长相等的线段 OP_1. 现在将内接正六边形的边数
增加一倍,即用正十二边形代替六边形,求出它的周长,并在直线 MN 上从同
一点 O 出发截取线段等于其周长.得到另一条线段 OP_2,大于 OP_1,因为六边形
各边被一条折线(十二边形的两条边)代替,这条折线比直线段长.现在将正十
二边形的边数加倍,即取正二十四边形(在图 240 中没有画出来),求出它的周
长,并在直线 MN 上从同一点 O 出发截取线段等于其周长.这样得到线段 OP_3,
它将大于 OP_2(与 OP_2 大于 OP_1 理由相同).

现在假设将正多边形的边数加倍,并在一条直线上截取线段等于多边形的
周长的这个过程,无限地进行下去.这样我们得到一个无穷递增的周长数列
OP_1,OP_2,OP_3,$\cdots$. 根据引理 2,这个递增序列是有界的,因为所有内接凸多边
形的周长都小于外切多边形的周长.因此内接正多边形的递增周长序列有一个
极限(§229).此极限是圆的周长(如图 241 所示,线段 OP).因此,当一个内接
于圆的正多边形的顶点数目无限地加倍时,我们将圆的周长定义为此正多边形

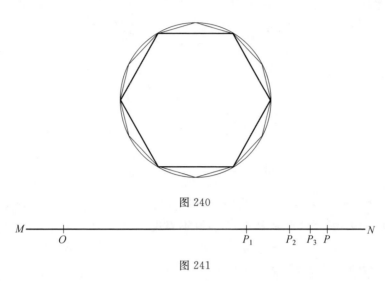

图 240

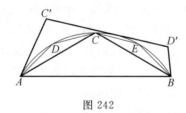

图 241

的周长的极限.

192

注 可以证明这个极限与加倍过程最初应用的正多边形无关(尽管我们省略了证明过程).此外,还可以证明,只要多边形的边长无限减小(因此它们边的数量无限增加),即使内接于圆的多边形不是正多边形,其周长与正多边形的周长趋于同一极限,无论如何这都是可以实现的:通过对正多边形的边数进行加倍,或者通过其他方法.因此,对于任一圆的内接多边形,当多边形的边数无限增加时,其周长都有唯一的极限,这个极限即为圆的周长.

如图 242,类似的,存在内接于弧,并连接弧端点 A 和 B 的折线,当折线各边长度无限减小时,折线周长的极限定义为 $\overparen{AB}$ 的弧长.(例如通过加倍过程)

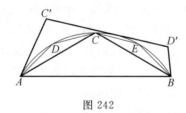

图 242

§233 弧长的性质

从弧长的定义可以得出结论:

(1)等弧(和等圆)的弧长相等,因为可以选择内接于弧的正多边形彼此全等.

(2) 多弧之和的弧长等于各段弧长之和.

事实上,如果 s 是弧 s' 与弧 s'' 的和,那么内接于弧 s 的折线可以由两个折线组成,一个内接于弧 s',另一个内接于弧 s''.当折线的边长无限减小时,内接于弧 s 的折线周长的极限等于内接于弧 s' 与弧 s'' 折线周长的极限和.

(3) 任意弧的弧长(ACB,图 242)大于连接弧端点的弦 AB 的弦长,更一般的,大于内接于弧并连接弧端点的任意凸折线的周长.

事实上,通过将折线的边数加倍,并且在数轴上截取等于周长的线段,我们得到一个递增并趋于弧长的无穷数列,因此弧长大于数列中的任何一项(特别是大于数列的第一项,即弦长).

(4) 弧长小于任意外切于弧,并连接弧端点的折线周长.

事实上,圆弧 ACB 的长度 L(图 242)是内接于弧,并通过加倍的方法得到的正折线 ACB,$ADCEB$,$\cdots$ 的周长极限.每一条折线都是凸折线,且被连接圆弧端点的任意外切折线所包围.因此,通过引理 1,内接折线的周长小于外切折线的周长 P,因此折线周长极限 L 也不超过周长 P,即 $L \leqslant P$.事实上,如果我们用一条包含弓形 ACB 的更短折线来代替折线 $AC'D'B$,不等式仍然成立.图 243 表明如何通过切割一个角来构造这样一条较短折线(即,用较短折线 $AMNB$ 代替两个连续切点之间的折线 ACB).因此严格来说,弧长 L 小于外切折线的周长 P(即 $L \leqslant P$).

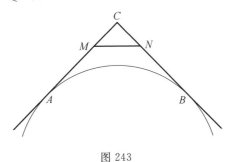

图 243

§234　数 π

所有圆的周长与直径的比都是同一个数.

事实上,考虑两个圆:一个圆的半径是 R,另一个圆的半径是 r.用 C 表示第一个圆的周长,用 c 表示第二个圆的周长.分别用 P_n 和 p_n 表示两个圆的内接正

n 边形的周长. 由于相同边数的正多边形相似, 根据 §220 的结果, 有

$$\frac{P_n}{2R} = \frac{p_n}{2r} \qquad (*)$$

当边数 n 无限增加时, 周长 P_n 趋于第一个圆的周长 C, 周长 p_n 趋于第二个圆的周长 c. 因此等式 $(*)$ 可以表示为

$$\frac{C}{2R} = \frac{c}{2r}$$

任意圆的周长与直径的比都相同, 将这个数记为希腊字母 π①. 因此我们可以写出周长公式

$$C = 2R \cdot \pi \text{ 或 } C = 2\pi R$$

我们知道 π 是一个无理数, 因此不能用分数来准确表示它. 然而我们可以找到 π 的一个近似值.

下面是阿基米德在 3 世纪发现的 π 的简单近似值, 对于许多实际应用来说是足够的

194

$$\pi \approx \frac{22}{7} = 3\frac{1}{7} \approx 3.142\ 857\ 142\ 857\cdots$$

这个数略大于 π, 但误差不超过 0.002. 希腊天文学家托勒密和《代数》的作者, 巴格达的花拉子米 (Al-Khwarizmi, 约 800) 发现了 π 的近似值 $\pi \approx 3.141\ 6$, 误差小于 0.000 1. 中国数学家祖冲之 (430—501) 发现了下面的分数

$$\pi \approx \frac{355}{113} \approx 3.141\ 592\ 9\cdots$$

这个 π 的近似值精确度高达 0.000 000 5②.

§235   计算 π 的一种方法

为了计算 π 的近似值, 可以应用我们在 §224 导出的加倍公式. 为了简单起见, 令正 n 边形的半径等于 1. 用 a_n 表示 n 边形的边数, 半周长为 $q_n = na_n/2$, 因此当边数无限增加时, 半周长趋于 π. 根据加倍公式

---

① π 取自希腊词圆周 περιφερεια 的第一个字母, 1737 年被欧拉应用之后, π 成为标准符号.

② 1883 年, 一个英国人 W. Shanks 发表了他对 π 的计算, 有 707 位小数. 它的纪录一直保持到 1945 年, 使用计算机发现了 π 的前 2 000 位小数, 结果发现 Shanks 有一处错误, 使得从第 528 位小数开始就毁掉了他的结果.

$$a_{2n}^2 = 2 - 2\sqrt{1 - \frac{a_n^2}{4}}$$

我们可以从 $a_6 = 1$ 开始计算(即 $q_6 = 3$). 由加倍公式(见 §224)

$$a_{12}^2 = 2 - \sqrt{3} = 0.267\ 949\ 19\cdots$$

然后继续使用加倍公式计算

$$a_{24}^2 = 2 - 2\sqrt{1 - \frac{a_{12}^2}{4}},\ a_{48}^2 = 2 - 2\sqrt{1 - \frac{a_{24}^2}{4}}$$

依次类推.

假设在 96 边形时停止加倍,取它的半周长为 $q_{96}/2 = 48a_{96}$ 作为 π 的近似值. 执行计算,可以发现

$$\pi \approx q_{96} = 3.141\ 031\ 9\cdots$$

为了判断该近似值的精确度,我们也计算一下单位圆的外切 96 边形的半周长 Q_{96}. 假设 $R = 1$,应用 §220 的外切正多边形的边数公式,有

$$b_{96} = \frac{a_{96}}{\sqrt{1 - a_{96}^2/4}}$$

即

$$Q_{96} = 48b_{96} = \frac{q_{96}}{\sqrt{1 - a_{96}^2/4}}$$

将 a_{96} 与 q_{96} 的值代入有

$$Q_{96} = 3.142\ 714\ 6\cdots$$

半圆周大于正内接 96 边形的半周长:$q_{96} < \pi < Q_{96}$. 因此我们可以得出 $3.141 < \pi < 3.143$. 特别的,可以得到 π 保留两位小数的近似值

$$\pi \approx 3.14$$

使用相同的加倍方法计算 q_{192} 和 Q_{192},q_{384} 和 Q_{384} …… 可以得到 π 的更准确的近似值. 例如,得到小数点后 6 位的近似值 $\pi \approx 3.141\ 592\cdots$,精确度高达 $0.000\ 001$,它足以计算内接正 6 144 边形和外切 6 144 边形的半周长(将六边形的边十次加倍得到).

§236　π 弧度

在一些问题中,出现了 π 的倒数

$$\frac{1}{\pi} = 0.318\ 309\ 8\cdots$$

问题:确定弧长与半径相等的弧的度数.

半径为 R 的圆的周长公式是 $2\pi R$,这表明 $1°$ 的弧长等于

$$2\pi R/360 = \pi R/180$$

因此 $n°$ 的弧长为

$$s = \frac{\pi R n}{180}$$

当弧长等于半径时,即 $s=R$,可以得到等式 $1=\pi n/180$,从这里我们发现

$$n° = \frac{1}{\pi} 180° \approx 180° \cdot 0.318\ 309\ 8 \approx 57.295\ 764° \approx 57°17'45''$$

称弧长等于半径的弧为 1 弧度.弧度通常作为测量弧和相应的圆心角的单位(而不是弧度和角度).例如,周角是 $360°$ 或者 2π 弧度.

练　习

497.计算单位半径下弦所对弧的弧长:(1) $\sqrt{2}$ 倍单位;(2) $\sqrt{3}$ 倍单位.

498.计算角度对应的弧度:$60°,45°,12°$.

499.用弧度表示 n 边形内角之和.

500.用弧度表示正 n 边形的内角和外角.

501.以下弧度所对应的角度是多少:$\pi,\pi/2,\pi/6,3\pi/4,\pi/5,\pi/9$.

502.计算 $\alpha = \pi/6,\pi/4,\pi/3,\pi/2,2\pi/3,3\pi/4,5\pi/6,\pi$ 的三角函数 $\sin\alpha$,$\cos\alpha,\tan\alpha,\cot\alpha$ 的值.

503*.证明在 $0 < \alpha < \pi/2$ 中,有 $\sin\alpha < \alpha < \tan\alpha$,其中 α 表示弧度.

504.证明在两个圆中,弧长相等的圆弧所对的圆心角之比等于半径的反比.

505.在给定的 $120°$ 弧的端点处作两条切线,并在以两条切线和该弧为边界的图形中内接一个圆.证明该圆的周长等于给定弧的弧长.

506.在一个圆中,弦为 a 的弦所对的弧的弧长,是弦长为 b 的弦所对弧的弧长的 2 倍.计算这个圆的半径.

507.证明正 n 边形的边长 a_n 随着边数无限增加而趋于 0.

508.在给定半圆的直径上,在以直径和半圆为界的弓形内,作两个外切的全等半圆.在以三个半圆为边界的图形内,作一个内切圆.证明该圆直径与构造的半圆直径之比等于 $2:3$.

509.如果用内接等边三角形各边之和与内接正方形各边之和分别代替半圆周长,误差是多少?

510.估算地球赤道的长度,取地球半径为 6 400 km.

511.估算地球赤道 1° 弧长.

512.一根比地球赤道长 1 m 的圆绳,在赤道周围以高于地球表面的恒定高度展开,猫能挤在绳子和地球表面之间吗?

513*.假设将上题中的同一根绳子在赤道周围拉伸,并在地球表面上尽可能高的一点被拉起.大象能在绳子下面通过吗?

第 5 章 面 积

第 1 节   多边形面积

§237   面积的概念

源于生活经验,我们都对所谓面积的量有一些了解.例如,农民期望从一块土地上获得的收成不太取决于土地的形状,只取决于农民耕种土地的面积.同样的,要想确定粉刷表面所需的油漆量,知道表面的总尺寸就足够了,而不是表面的确切形状.

在这里,我们将更精确地建立几何图形的面积概念以及计算方法.

§238   关于面积的主要假设

我们假设一个几何图形的面积是一个量,用正数表示,并且对于每个多边形都有明确的定义.我们进一步假设图形面积具有以下性质:

(1) 全等图形有相等的面积.有时称面积相等的图形为等价.因此,根据面积的这种性质可知,全等的图形是等价的.反过来说可能是错误的:等价的图形并不总全等的.

(2) 如果给定的图形被分成几个部分(M, N, P,图 244),那么表示整个图形面积的数字等于表示各部分面积数字之和.面积的这种性质称为可加性.这意味着,任意多边形的面积都大于其内含多边形的面积.实际上,外围多边形和内含多边形的面积差是正的,因为面积差表示图形的面积(即外围多边形的剩余部分,总可以被分割成几个多边形).

(3) 取边长为 1 个单位长度的正方形为面积单位,将这样的正方形面积设为 1.当然,正方形的单位面积取决于单位长度.当单位长度设为 1 米(厘米等),对应的单位面积是 1 平方米(平方厘米等),用国际单位表示为 1 m^2(cm^2 等).

图 244

§239　面积度量

一些简单图形的面积可以用填充这个图形的单位正方形个数来确定.例如,将所求图形画在由单位正方形构成的方格纸上(图 245),并且假设给定图形的边是封闭折线并与方格边重合.那么图形中单位正方形的个数即是面积的精确测量值.

一般情况下,测量面积不是直接计算单位方格或与被测图形重合的方格部分,而是间接地测量图形的边长,这在后面进行解释.

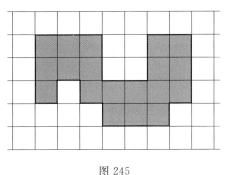

图 245

§240　底和高

一致地将三角形或平行四边形的一条边叫作图形的底,将从三角形的顶点或平行四边形的一边上的任一点向对边所做垂线称为高.

在矩形中,底边上的垂线称为高.

在梯形中,一对平行线都叫作底,平行线之间的垂线叫作高.

矩形的底和高叫作矩形的边长.

§241 定理

矩形面积等于底乘以高.

简短的计算公式应该这样理解：由一些单位正方形构成的矩形,表示其面积的数,等于矩形的高和底相对于线性单位的长度乘积.

在这个定理的证明中,分三种情况：

(1) 底和高的长度(由同一单位度量)是整数.

如图 246,设给定矩形的底边长 b 个单位长度,高长 h 个单位长度.将底和高分别 b 等分,h 等分,并且过分割点分别作高和底的平行直线.这些直线的交点将矩形分成若干个四边形.其中每一个四边形(如 K)与单位正方形全等.(事实上,K 的边与矩形的边平行,并且 K 的所有角都是直角;K 的边长等于平行线间的距离,即等于线性单位长).因此,矩形被分成若干个单位正方形,从而计算单位正方形的个数.显然,与底边平行的一族直线将矩形分成许多矩形条,这些矩形条与高线上的线性单位数量相同,即 h 个全等的矩形条.同样的,与高线平行的一族直线将每一个矩形条分成许多单位正方形,这些正方形与底边上的线性单位数量相同,即每一个矩形条有 b 个正方形.因此所有正方形的个数为 $b \cdot n$.因此

$$矩形的面积 = bh$$

即等于底与高的乘积.

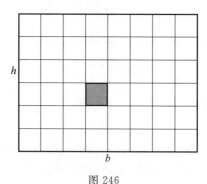

图 246

(2) 底和高的长度(由同一单位度量)是分数.

例如,假设在给定矩形中

$$底 = 3\frac{1}{2} = \frac{7}{2}$$

$$高 = 4\frac{3}{5} = \frac{23}{5}$$

将这两个分数通分,得到

$$底 = \frac{35}{10}$$

$$高 = \frac{46}{10}$$

我们取原单位长的 $\frac{1}{10}$ 为新的单位长度,那么我们可以说底边长 35,高长 46.因此,由情况(1)知,对于新单位长度,矩形面积等于 35×46.但得到的新单位面积等于原单位面积的 $\frac{1}{100}$.因此,用原单位面积来表示矩形面积,等于

$$\frac{35 \times 46}{100} = \frac{35}{10} \times \frac{46}{10} = \left(3\frac{1}{2}\right) \times \left(4\frac{3}{5}\right)$$

(3)底和高(或其中之一)与单位长度不可通约,因此用无理数表示.

就实际应用而言,以期望的精确度计算面积的近似值即可.然而,也可以证明,在这种情况下,矩形面积的精确值等于其边长的乘积.

事实上,如图 247,设矩形 $ABCD$ 的底 AB 与高 AD 长为 α 和 β,其中 α 与 β 是实数.我们需要找到 α 与 β 的近似值(精确到 $\frac{1}{n}$).对此,将底边 AB 尽可能多地以线性单位的 $\frac{1}{n}$ 为单位进行标记.假设截取 m 条这样的线段,得到线段

$$AB' < AB \ 或(AB' = AB)$$

截取 $m+1$ 条这样的线段,得到线段 $AB'' > AB$,则分数 $\frac{m}{n}$ 和 $\frac{m+1}{n}$ 分别是 α 在已知精确度下的不足近似值和过剩近似值.而且,假设在 AD 上分别截取 p 倍,$p+1$ 倍的 $\frac{1}{n}$ 线性单位,分别有线段

$$AD' < AD(或 AD' = AD) \ 和 \ AD'' > AD$$

因此找到高 β 的近似值

$$\frac{p}{n} \leqslant \beta < \frac{p+1}{n}$$

构造两个辅助矩形 $AB'C'D'$ 和 $AB''C''D''$.其底和高都是有理数,因此由上述情况(2),得 $AB'C'D'$ 的面积等于 $\frac{m}{n} \cdot \frac{p}{n}$,$AB''C''D''$ 的面积等于 $\frac{m+1}{n} \cdot \frac{p+1}{n}$.因此 $ABCD$ 包含 $AB'C'D'$,内含在 $AB''C''D''$ 中,则有

$$AB'C'D' \text{ 面积} < ABCD \text{ 面积} < AB''C''D'' \text{ 面积}$$

即

$$\frac{m}{n} \cdot \frac{p}{n} < ABCD \text{ 面积} < \frac{m+1}{n} \cdot \frac{p+1}{n}$$

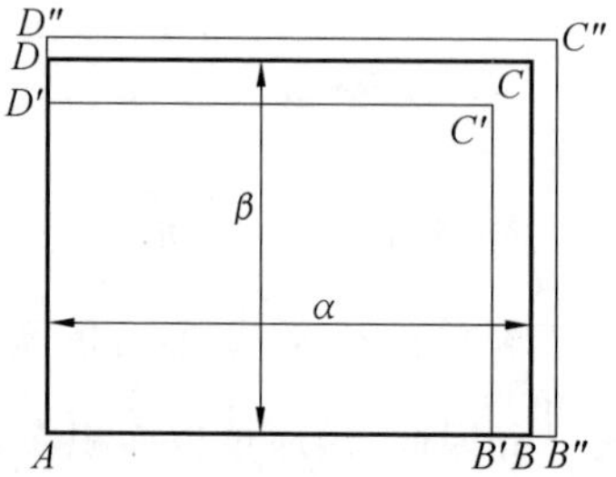

图 247

不论 n 取何值,即不论选择 α 与 β 的任何精确度,这个不等式都成立.我们先取 $n=10$,接着取 $n=100, n=1\,000, \cdots$,那么 $\frac{m}{n}$ 与 $\frac{p}{n}$ 将越来越接近 α 与 β 的下界,并且 $\frac{m+1}{n}$ 与 $\frac{p+1}{n}$ 将越来越接近 α 与 β 的上界.不难发现,$\frac{m}{n} \cdot \frac{p}{n}$ 与 $\frac{m+1}{n} \cdot \frac{p+1}{n}$ 越来越接近同一个无穷小数①,这个小数表示实数 α 与 β 的乘积.因此得出结论:$ABCD$ 的面积等于 $\alpha\beta$.

§242　定理

平行四边形($ABCD$,图 248)面积等于底乘以高.

在底边 AD 上作矩形 $AEFD$,其中边 EF 在平行四边形边 BC 的延长线上,证明(如图 248 所示,两种情况下)

$$ABCD \text{ 的面积} = AEFD \text{ 的面积}$$

即,组合平行四边形 $ABCD$ 与 $\triangle AEB$,矩形 $AEFD$ 与 $\triangle DFC$,得到同一个梯形 $AECD$.$\triangle AEB$ 与 $\triangle DFC$ 全等(通过 SAS 判别法:$AE = DF, AB = DC, \angle EAB =$

---

① 事实上,随着 n 的无限增加,差

$$\frac{m+1}{n} \cdot \frac{p+1}{n} - \frac{m}{n} \cdot \frac{p}{n} = \frac{mp+m+p+1-mp}{n^2} = \frac{1}{n}\left(\frac{m}{n} + \frac{p+1}{n}\right) = \frac{AB' + AD''}{n}$$

趋于 0.

∠FDC),从而这两个三角形等价,因此平行四边形和矩形也是等价的. 又 AEFD 的面积等于 bh,因此 ABCD 的面积也等于 bh,其中 b 是平行四边形的底,h 是平行四边形的高.

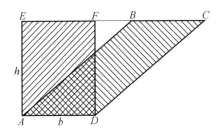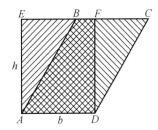

图 248

§243　定理

三角形(ABC,图 249)面积等于底与高乘积的一半.

作 BD∥AC,CD∥AB,得到平行四边形 ABDC,由前一个定理知矩形 ABDC 的面积等于底乘以高. 但平行四边形 ABDC 含有两个全等的三角形,其中一个三角形是 △ABC,因此

$$\triangle ABC \text{ 的面积} = \frac{bh}{2}$$

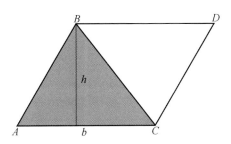

图 249

注　图 250 表明如何将三角形 ABC 转化成与三角形同底 b,且高等于三角形高的一半 h/2 的矩形 AKLC.

推论　(1)等底等高的三角形等积.

例如,如果我们沿着与底边 AC 平行的直线移动三角形 ABC 的顶点 B(图251),那么三角形的面积将保持不变.

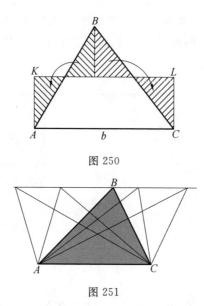

图 250

图 251

204

(2) 直角三角形的面积等于两直角边乘积的一半,因为一条直角边可以作为底,另一条直角边可以作为高.

(3) 菱形面积等于其对角线乘积的一半. 事实上,如果四边形 $ABCD$(图 252)是一个菱形,那么其对角线互相垂直. 因此

$$S_{\triangle ABC} = \frac{1}{2}AC \cdot OB, S_{\triangle ADC} = \frac{1}{2}AC \cdot OD$$

即

$$S_{ABCD} = \frac{1}{2}AC \cdot (OB + OD) = \frac{1}{2}AC \cdot BD$$

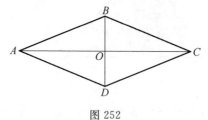

图 252

§ 245　定理

梯形面积等于高与两底之和的乘积的一半.

作梯形 $ABCD$（图 253）的对角线 AC，我们可以把梯形面积看作是三角形 ACD 与三角形 BAC 面积之和. 因此

$$S_{ABCD} = \frac{1}{2}AD \cdot h + \frac{1}{2}BC \cdot h = \frac{1}{2}(AD + BC) \cdot h$$

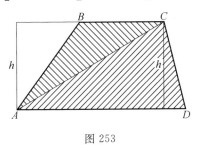

图 253

§246 推论

如果 MN（图 254）是梯形 $ABCD$ 的中位线，故（§97）MN 等于两底之和的一半. 从而

$$S_{ABCD} = MN \cdot h$$

即梯形的面积等于中位线与高的乘积.

从图 254 中可直接得到此结论.

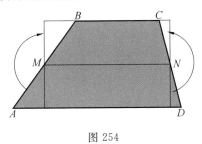

图 254

§247 注

为了求任意多边形的面积，我们可以将多边形分成若干个三角形，计算每个三角形的面积，再将每个三角形的面积相加.

练 习

证明定理:

514. 在平行四边形中,对角线上任意一点到相邻两边的距离与这两条边成反比.

515. 如果凸四边形的每一条对角线都将其分成两个等积三角形,那么这个凸四边形是平行四边形.

516. 梯形的两条对角线将其分成四个三角形,两腰上的两个三角形等积.

517. 过梯形一条侧边的中点作另一条侧边的垂线,则梯形面积等于后一条侧边与垂线的乘积.

518. 三边长为 12 cm,15 cm 和 20 cm 的三角形是直角三角形.

519. 连接平行四边形各个顶点与邻边中点的直线相交得到新的平行四边形,新平行四边形等价于原平行四边形的 1/5.

520*. 如果取三角形的三条中线作为另一个三角形的三条边,那么新三角形的面积等于原三角形的面积的 3/4.

521*. 在四边形 $ABCD$ 中,过对角线 BD 的中点,作对角线 AC 的平行直线.假设这条直线与边 AD 交于点 E,证明直线 CE 平分四边形的面积.

计算问题:

522. 在边长为 a 的正方形中,连接邻边中点以及邻边中点及其对顶点.计算由此形成的三角形的面积.

523. 两个等边三角形内接于半径为 R 的圆,其中一个三角形各边都被与另一个三角形各边的交点三等分.计算两个三角形重叠部分面积.

524. 在直角三角形中,如果一个锐角的角平分线将对边分为长度为 4 和 5 的两条线段,计算直角三角形的面积.

525. 计算两个内角为 60°,90° 的梯形面积,已知:(1) 上、下底;(2) 一条底边和一条垂直于底边的侧边;(3) 一条底边和另一条侧边.

526. 已知梯形的底边和高,延长梯形两腰交于一点构成三角形.计算三角形的高.

527*. 已知等腰梯形的中位线,两条对角线垂直,计算等腰梯形的面积.

528*. 若一个三角形的三边分别等于另一个三角形的三条中线,计算后一个三角形与前一个三角形面积之比.

529. 已知在一个单位面积的三角形中,内接于一个三边为前一个三角形中位线的三角形.在第二个三角形中,由第二个三角形的中位线构成的第三个三角形内接于第二个三角形. 在第三个三角形中,第四个三角形以相同的方式内接,依次类推. 求这些三角形面积之和的极限.

提示:首先计算有限步后的面积和.

作图问题:

530. 过三角形的一个顶点,作两条直线,将三角形的面积分为 $m:n:p$.

531. 过三角形一边上的一个定点作直线,将三角形的面积平分.

532. 在三角形中找到一个点,使连接该点和三个顶点的直线将三角形的面积:(1) 分成三个相等的部分;(2) 按照一定比例 $m:n:p$ 分割.

533. 过平行四边形一个顶点作直线将其分成三个等积部分.

534. 过给定点作一条直线将平行四边形的面积按比例 $m:n$ 分割.

提示:将平行四边形的中位线按给定比例分割,并连接分割点和定点.

第 2 节　　三角形面积的几个计算公式

§248　　定理

任意外切多边形的面积等于这个多边形的半周长和半径的乘积.

如图 255,连接圆心 O 与外切多边形的所有顶点,将多边形划分为若干个三角形,其中多边形的边为三角形的底,半径为高. 如果 r 是半径,那么

$$S_{\triangle AOB} = \frac{1}{2} AB \cdot r, S_{\triangle BOC} = \frac{1}{2} BC \cdot r, \cdots$$

即

$$S_{ABCDE} = \frac{1}{2}(AB + BC + CD + DE + EA) \cdot r = qr$$

其中字母 q 表示多边形的半周长.

推论　　(1) 正多边形的面积等于半周长和边心距的乘积,因为任意正多边形可以看作是一个半径为多边形边心距的圆的外切多边形.

(2) 任意三角形的面积 S 等于半周长 q 和内切圆半径 r 的乘积

$$S = qr$$

§249　　问题

已知三角形三边长为 a, b, c,求三角形的面积 S.

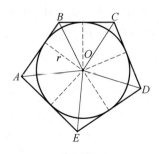

图 255

如图 256,用 h_a 表示 $\triangle ABC$ 边 a 上的高,即

$$S = \frac{1}{2}ah_a$$

为了计算高度 h_a. 我们应用下面的关系式($\S 190$)

$$b^2 = a^2 + c^2 - 2ac'$$

求出 c'

208

$$c' = \frac{a^2 + c^2 - b^2}{2ac}$$

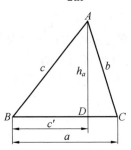

图 256

在直角三角形 ADB 中,我们发现

$$h_a = \sqrt{c^2 - \left(\frac{a^2 + c^2 - b^2}{2a}\right)^2} = \frac{1}{2a}\sqrt{4a^2c^2 - (a^2 + c^2 - b^2)^2}$$

将根号下的表达式作变换

$$(2ac)^2 - (a^2 + c^2 - b^2)^2 = (2ac + a^2 + c^2 - b^2)(2ac - a^2 - c^2 + b^2)$$

$$= [(a^2 + c^2 + 2ac) - b^2][(2ac + a^2 + c^2) + b^2)]$$

$$= [(a+c)^2 - b^2][(b^2 - (a-c)^2]$$

$$= (a + c + b)(a + c - b)(b + a - c)(b - a + c)$$

因此^①

$$S = \frac{1}{2} a h_a = \frac{1}{4} \sqrt{(a+c+b)(a+c-b)(b+a-c)(b-a+c)}$$

记 $q = (a+b+c)/2$ 为这个三角形的半周长,则

$$a + c - b = (a+b+c) - 2b = 2q - 2b = 2(q-b)$$

类似地

$$a + b - c = 2(q-c), b + c - a = 2(q-a)$$

因此

$$S = \frac{1}{4} \sqrt{2q \cdot 2(q-a) \cdot 2(q-b) \cdot 2(q-c)}$$

即

$$S = \sqrt{q(q-a)(q-b)(q-c)}$$

最后一个表达式是著名的海伦公式,以生活在 1 世纪的亚历山大的海伦命名.

　　例　一个边长为 a 的等边三角形的面积可由公式

$$S = \sqrt{\frac{3a}{2} \cdot \frac{a}{2} \cdot \frac{a}{2} \cdot \frac{a}{2}} = \frac{\sqrt{3}}{4} a^2$$

209

计算得到.

§250　正弦定理

　　定理 1　三角形的面积等于三角形任意两边与其夹角的正弦值乘积的一半.

　　事实上,如图 257,$\triangle ABC$ 的高 h_a 可以表示为 $h_a = b \sin C$,则三角形的面积 S 可由公式

$$S = \frac{1}{2} ab \sin C$$

计算得到.

　　下面的推论称为正弦定理.

　　推论 1　三角形各边与对角的正弦值成正比

$$\frac{a}{\sin A} = \frac{b}{\sin B} = \frac{c}{\sin C}$$

_____

　　①　因为三角形两边之和大于第三边,所以根号下的因式是正的.

事实上,根据这个定理中,我们可以计算 $\sin C = 2S/ab$,以及比值

$$\frac{c}{\sin C} = \frac{2S}{ab}$$

因此,这个比值对三角形的三条边都是一样的.

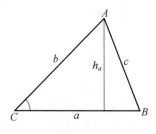

图 257

下面的定理提供了正弦定理的另一个证明.

定理 2　三角形的任一边都等于该边对角正弦值与外接圆直径的乘积.

如图 258,设点 O 是 $\triangle ABC$ 外接圆的圆心,OD 为边 AB 的垂直平分线.圆心角 $\angle AOD$ 和 $\angle BOD$ 相等且都等于 $\angle C$(因为它们都等于弦 ADB 所对圆心角的一半).因为 $AO = OB = R$(在这里我们用 R 表示圆的半径),又 $AD = DB = R\sin C$,即

$$c = AB = R\sin C$$

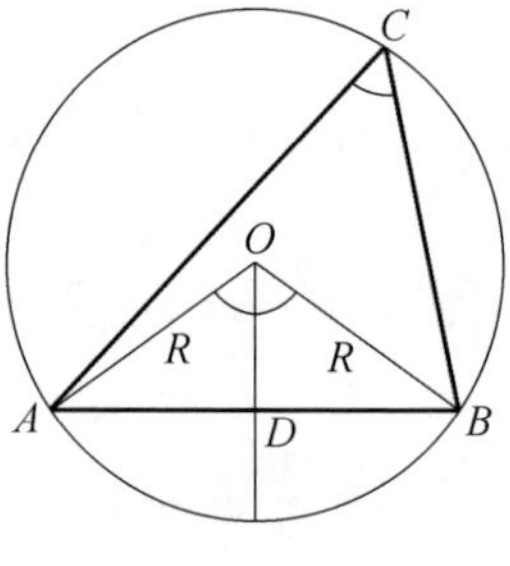

图 258

推论 2　(1)三角形任一边与对角正弦的比值,等于外切圆的直径

$$\frac{a}{\sin A} = \frac{b}{\sin B} = \frac{c}{\sin C} = 2R$$

(2)通过对比值 $\frac{c}{\sin C}$ 的两个表达式的比较,用边长 a,b,c 和外切圆半径 R,我们得到了一个简单的计算三角形面积 S 的公式

$$S = \frac{4abc}{4R}$$

练　习

证明定理：

535. 任意四边形的面积等于两条对角线与其夹角的正弦的乘积的一半.

536. 在梯形中，两条对角线相交得到四个三角形，若以上、下底为边的两个三角形的面积分别为 a^2 和 b^2，则整个梯形的面积等于 $(a+b)^2$.

537. 边长为 a,b,c，半周长为 q 的三角形的面积 S 可以表示为
$$S = (q-a)r_a = (q-b)r_b = (q-c)r_c$$
其中，r_a,r_b,r_c 分别是与边 a,b,c 相切的内切圆的半径.

538. 证明三角形的三个外接圆半径 r_a,r_b,r_c 和一个内切圆的半径 r 满足
$$1/r_a + 1/r_b + 1/r_c = 1/r$$

539. 给定三角形的三条中线将三角形分成六个三角形，三角形一条边上的两个相邻三角形有全等的内切圆.证明给定三角形是等腰三角形.

540. 过给定三角形的内心作直线将三角形分割成两个面积相等、周长相等的图形.

541. 在凸等边多边形中，一个内点到各边或各边延长线的距离之和与该点在多边形内的位置无关.

542*. 在等角多边形中，一个内点到各边或各边延长线距离之和与该点在多边形内的位置无关.

543*. 从圆上一点到内接等边三角形顶点的距离的平方和与点在圆上的位置无关.

计算问题：

544. 计算边长为 a 的正六边形的面积.

545. 计算半径为 R 的正十二边形的面积.

546. 等腰梯形的内切圆，与侧边的交点，将侧边分割为长度比为 $m:n$ 的两条线段，计算梯形的面积..

547. 用三角形的两条边和第三边上的高表示三角形的外切圆半径.

548. 半径为 6 cm，7 cm 和 8 cm 的三个圆两两相切.计算由三条连心线构成的三角形的面积.

549. 用两个相交圆的半径和连心线表示两圆的公共弦.

550. 用三角形各边表示三角形的内切圆半径以及三角形的外接圆半径.

551. 用三角形各边表示外接圆半径.

552. 如果三角形三边长 a,b,c 构成等差数列,则 $ac=6Rr$,其中 R 和 r 分别是三角形外接圆和内切圆的半径.

第3节 相似图形的面积

§251 定理

相似三角形或相似多边形的面积与对应边的平方成比例.

(1) 如图259,如果 $\triangle ABC$ 和 $\triangle A'B'C'$ 是两个相似三角形,那么它们的面积分别等于 $ah/2$ 和 $a'h'/2$,其中 a 和 a' 为对应边 BC 和 $B'C'$ 的长度,h 和 h' 为相应的高 AD 和 $A'D'$ 的长度.

这两个相似三角形的高与对应边成比例,即 $h:h'=a:a'$(因为由直角三角形 ADB 和 $A'D'B'$ 相似可知,$h:h'=c:c'=a:a'$),因此

$$\frac{S_{\triangle ABC}}{S_{\triangle A'B'C'}}=\frac{ah}{a'h'}=\frac{a}{a'}\cdot\frac{h}{h'}=\frac{a}{a'}\cdot\frac{a}{a'}=\frac{a^2}{(a')^2}$$

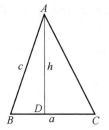
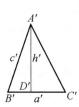

图 259

(2) 如图260,如果 $ABCDE$ 和 $A'B'C'D'E'$ 是两个相似五边形,由 §168 的结论,将两个五边形以相同的方式分成相似三角形. 设这些三角形是 AOB 和 $A'O'B'$,BOC 和 $B'O'C'$ 等. 根据(1)的结果,我们有比例

$$\frac{S_{\triangle AOB}}{S_{\triangle A'O'B'}}=\left(\frac{AB}{A'B'}\right)^2,\frac{S_{\triangle BOC}}{S_{\triangle B'O'C'}}=\left(\frac{BC}{B'C'}\right)^2,\cdots$$

又由两个五边形相似可知

$$\frac{AB}{A'B'}=\frac{BC}{B'C'}=\cdots$$

所以

$$\left(\frac{AB}{A'B'}\right)^2 = \left(\frac{BC}{B'C'}\right)^2 = \cdots$$

因此

$$\frac{S_{\triangle AOB}}{S_{\triangle A'O'B'}} = \frac{S_{\triangle BOC}}{S_{\triangle B'O'C'}} = \cdots$$

根据比例的性质(见 §169 中的注释),我们得出结论

$$\frac{S_{\triangle AOB} + S_{\triangle BOC} + \cdots}{S_{\triangle A'O'B'} + S_{\triangle B'O'C'} + \cdots} = \frac{S_{\triangle AOB}}{S_{\triangle A'O'B'}}$$

即

$$\frac{S_{ABCDE}}{S_{A'B'C'D'E'}} = \frac{AB^2}{(A'B')^2}$$

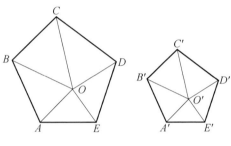

图 260

推论　具有相同边数的正多边形的面积与其边的平方、半径的平方、边心距的平方成比例.

§252　问题

用平行于给定三角形一边的直线将三角形分割成 m 个等积部分.

如图 261,假设由题意将三角形 ABC 用与边 AC 平行的线段划分为三个等积部分.假设所求线段是 DE 和 FG.三角形 DBE,FBG 和 ABC 是相似的.因此

$$\frac{S_{\triangle DBE}}{S_{\triangle ABC}} = \frac{BE^2}{BC^2}, \frac{S_{\triangle FBG}}{S_{\triangle ABC}} = \frac{BG^2}{BC^2}$$

由

$$\frac{S_{\triangle DBE}}{S_{\triangle ABC}} = \frac{1}{3}, \frac{S_{\triangle FBG}}{S_{\triangle ABC}} = \frac{2}{3}$$

因此

213

$$\frac{BE^2}{BC^2}=\frac{1}{3}, \frac{BG^2}{BC^2}=\frac{2}{3}$$

由此,我们可以发现

$$BE=\sqrt{\frac{1}{3}BC\cdot BC}, BG=\sqrt{\frac{2}{3}BC\cdot BC}$$

即 BE 是 BC 和 $\frac{1}{3}BC$ 之间的几何均值, BG 是 BC 和 $\frac{2}{3}BC$ 之间的几何均值. 因此,作图可按以下方式进行. 找线段 BC 的三等分点 M 和 N,以 BC 为直径作半圆. 过点 M 和点 N,作垂线 MP 和 NQ,则弦 BP 和 BQ 即是所求几何平均值:BP 是直径 BC 和 $\frac{1}{3}BC$ 即 BM 的几何平均值,BQ 是 BC 和 BN 的几何平均值,即 BC 和 $\frac{2}{3}BC$ 的几何平均值. 以点 B 为起点,在线段 BC 上截取线段等于 BP 和 BQ,从而获得点 E 和点 G.

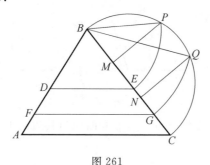

图 261

类似的,我们可以把三角形分成任意个等积部分.

练　　习

计算问题:

553. 一条平行于三角形底边的直线按将三角形的面积分为 4∶5,则这条直线将两腰分割的比例是多少?

554. 将三角形的三条中线按从顶点计算的 3∶1 比例分割. 计算以分割点为顶点的三角形的面积与原三角形的面积之比.

555*. 在面积相同的所有矩形中,求矩形的最小周长.

作图问题:

556. 用平行于一条对角线的直线将平行四边形分成三个等积部分.

557. 用一条与底边平行的直线将三角形的面积按黄金分割比分割.

提示：应用代数法.

558*.用垂直于三角形底边的直线将三角形分成三个等积部分.

559.用平行于梯形底边的一条直线将梯形的面积平分.

560.在给定的底边上,构造一个与给定矩形等价的矩形.

561.构造一个面积等于给定正方形面积 $\frac{2}{3}$ 的正方形.

562.将给定的正方形转化为等价的矩形,已知矩形两相邻边之和(或差).

563.给定两个三角形,构造第三个三角形,使其相似于第一个三角形,等价于第二个三角形.

564.将给定的三角形转化为等价的等边三角形.

提示：应用代数法.

565.在给定的圆中,作一个面积为 a^2 的内接矩形.

566.在给定的三角形中,作一个面积为 S 的内接矩形.

第 4 节　　圆和扇形面积

215

§253　引理

当内接正多边形的边数无限加倍时,其边长一定减小.

设 n 是内接正多边形的边数, p 是周长,则多边形的边长为 p/n. 在多边形的边数无限加倍的情况下,这一比值的分母 n 将无限地增大,分子 p 也会增大,但不是无限增大(因为任意凸内接多边形的周长都小于任意外切多边形的周长 p). 当分子有界,分母无限增大时,这个比值趋于 0. 因此,随着 n 的无限增大,内接正多边形的边长无限地减小.

§254　推论

如图 262,设 AB 是正多边形的一条边, OA 为半径, OC 为边心距. 在 $\triangle AOC$ 中,有

$$OA - OC < AC$$

即

$$OA - OC < \frac{1}{2}AB$$

正如我们刚才所证明的,当边数无限次地加倍时,正多边形的边长无限地减少,那么对于差 $OA - OC$ 也是如此. 因此,在内接正多边形的边数无限地加倍的情况下,边心距的长度趋近于半径长.

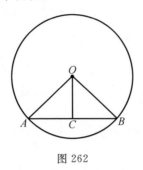

图 262

§255 圆的面积

在一个半径为 R 的圆中,作一个内接正多边形. 设这个正多边形的面积为 S,半周长为 q,边心距为 r. 由 §248 知

$$S = qr$$

现在假设这个多边形的边数是无限加倍的. 那么半周长 q 和边心距 r(即面积 S)也会增大. 半周长趋于极限 $C/2$,即圆的半圆周长,而 r 则趋于极限 R,即半径. 因此多边形的面积趋于极限 $\frac{1}{2}C \cdot R$.

定义 当给定圆上的内接正多边形的边数无限加倍时,其面积的极限即为圆的面积.

我们用 A 来表示圆的面积,因此,得出结论

$$A = \frac{1}{2}C \cdot R$$

即圆的面积等于半圆周和半径的乘积.

又因为 $C = 2\pi R$,所以

$$A = \frac{1}{2}2\pi R \cdot R = \pi R^2$$

即半径为 R 的圆的面积等于半径的平方乘以圆周长与直径的比值.

推论 圆的面积与它的半径或直径的平方成正比.

事实上,如果 A 和 A' 分别表示半径为 R 和 R' 的两个圆的面积,则 $A = \pi R^2$,

$A' = \pi\ (R')^2$. 因此

$$\frac{A'}{A} = \frac{\pi R^2}{\pi\ (R')^2} = \frac{R^2}{(R')^2} = \frac{4R^2}{4\ (R')^2} = \frac{(2R)^2}{(2R')^2}$$

§ 256   扇形面积

扇形面积等于弧长与半径乘积的一半.

如图 263,设扇形弧 $\overarc{AMB}$ 的度数为 $n°$. 显然,圆心角为 $1°$ 的扇形面积等于圆面积的 1/360,即等于 $\frac{\pi R^2}{360}$. 因此圆心角为 $n°$ 的扇形面积 S 等于

$$S = \frac{\pi R^2 n}{360} = \frac{1}{2} \cdot \frac{\pi R n}{180} \cdot R$$

其中 $\frac{\pi R n}{180}$ 表示 $\overarc{AMB}$ 的弧长. 如果 s 表示弧长,则

$$S = \frac{1}{2} s R$$

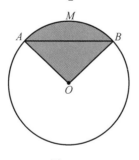

图 263

注   如图 263,为了求以 $\overarc{AMB}$ 和弦 AB 为界的弓形面积,分别计算扇形 AOB 和三角形 AOB 面积,然后用前者减去后者.

§ 257   问题

计算周长为 2 cm 的圆的面积.

首先,我们可以由方程求出半径 R

$$2\pi R = 2 \text{ cm}$$

即

$$R = \frac{1}{\pi} = 0.318\ 3\cdots(\text{cm})$$

接着计算圆的面积

$$A = \pi R^2 = \pi \cdot \left(\frac{1}{\pi}\right)^2 = \frac{1}{\pi} = 0.318\ 3\cdots(\text{cm}^2)$$

§ 258　问题

构造一个与给定圆等积的正方形.

这是著名的化圆为方问题.事实上,这个问题不能用直尺和圆规来解决.如果边长为 x 的正方形等积于半径为 R 的圆,则

$$x^2 = \pi R^2$$

即

$$x = \sqrt{\pi}R$$

为了简单起见,我们假设 $R = 1$.如果可以构造边长为 $\sqrt{\pi}$ 的正方形,那么,根据 § 213 的结果,$\sqrt{\pi}$ 可以通过整数进行算术运算和开平方根求得.但是,在 1882 年,德国数学家费迪南德·林德曼(Ferdinand Lindemann)证明了 π 是超越性的.根据定义,这意味着 π 不是任何整系数多项式方程的解.特别的,这表明 π 不能通过整数进行算术运算和开平方运算获得.

同理,构造长度等于给定圆周长的线段问题也不能用直尺和圆规来解决.

练　　习

567. 在圆心为 O 的圆中,作弦 AB,并以 OA 为直径构造另一个圆.证明弦 AB 截得两个圆所得弓形的面积比为 $4:1$.

568. 构造一个等积于给定环(即由两个同心圆组成的图形)的圆.

569. 用同心圆将圆分成 2 个等积部分,3 个等积部分……

570. 计算由圆内接图形的一边将圆切割得到的弓形面积:(1)等边三角形;(2)正方形;(3)正六边形.

571. 计算 $60°$ 弧的扇形面积与扇形的内接圆面积的比值.

572. 计算图形面积.该图形以三个半径为 R 的旁切圆为界,且在三圆的外部.

573. 两个圆的公共弦,分别对应 $60°$ 弧和 $120°$ 弧.计算两个圆的面积之比.

574. 在一个环中,若外圆的一条弦与内圆相切,且弦长为 a,则计算环的面

积.

575. 证明:若一个半圆的直径被分成任意两条线段,并以每条线段为直径再作半圆,则由三个半圆所围成的图形等价于直径等于过分割点垂直于原半圆直径的线段的圆.

第 5 节　勾股定理重述

§259　定理

以直角三角形的两条直角边为边的两个正方形面积之和等于以斜边为边的正方形面积.

这个命题是勾股定理的另一种形式,我们在 §188 中证明了这一点:直角三角形斜边的平方等于两条直角边平方和.事实上,一个线段长度的平方等于在这条线段上构造的正方形面积.

还有许多其他的方法可证明勾股定理.

欧几里得证明　如图 264,设 △ABC 是一个直角三角形,BDEA,AFGC 和 BCKH 是直角边和斜边上的正方形.求证前两个正方形的面积之和等于第三个正方形的面积.

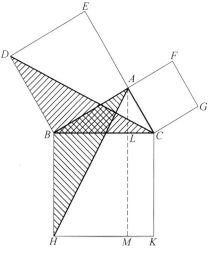

图 264

作 $AM \perp BC$,则正方形 $BCKH$ 被分成两个矩形. 我们证明矩形 $BLMH$ 的面积等于 $BDEA$ 的面积,矩形 $LCKM$ 的面积等于 $AFGC$ 的面积. 为此,考虑图 264 中的两个阴影三角形. 这两个三角形是全等的,因为 $\triangle ABH$ 是由 $\triangle DBC$ 绕着点 B 顺时针旋转 $90°$ 得到的. 事实上,将正方形 $BDEA$ 的一条边 BD 按这种方式旋转,得到该正方形的另一条边 BA,旋转正方形 $BCKH$ 的边 BC,得到另一条边 BH. 所以 $\triangle ABH$ 与 $\triangle DBC$ 等积. 另一方面,$\triangle DBC$ 的底为 DB,高等于 BA(因为 $AC \; /\!/ \; DB$). 所以 $\triangle DBC$ 等价于正方形 $BDEA$ 的一半. 同样,$\triangle ABH$ 的底为 BH,高等于 BL(因为 $AL \; /\!/ \; BH$). 这样 $\triangle ABH$ 等价于矩形 $BLMH$ 的一半. 所以矩形 $BLMH$ 等价于正方形 $BDEA$. 类似的,连接 G 和 B,A 和 R,考虑 $\triangle GCB$ 和 $\triangle ACK$,我们证明了矩形 $LCKM$ 等价于正方形 $AFGC$. 这表明正方形 $BCKH$ 等价于正方形 $BDEA$ 与 $AFGC$ 的和.

如图 265 所示,平铺证明是基于平铺正方形,正方形的边长与给定直角三角形的直角边之和相等,在斜边上作正方形,作四个全等于给定三角形的三角形,然后用直角边上的正方形和四个全等三角形重新平铺,得到大正方形.

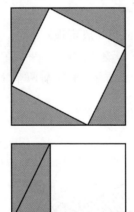

图 265

§260 广义毕达哥拉斯定理

以下定理是毕达哥拉斯定理的推广,见于欧几里得《几何原本》第六卷.

定理　　如果在直角三角形三边上作三个相似多边形(图 266,P,Q,R),则斜边上的多边形等价于直角边上多边形之和.

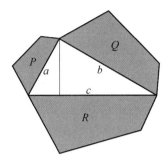

图 266

当多边形是正方形时,这个命题即为 §259 所述的毕达哥拉斯定理. 由于 §251 的定理的存在,这一特例得到了推广. 事实上,相似多边形的面积与对应边的平方成正比,因此

$$\frac{S_P}{a^2} = \frac{S_Q}{b^2} = \frac{S_R}{c^2}$$

则由比例性质

$$\frac{S_P + S_Q}{a^2 + b^2} = \frac{S_R}{c^2}$$

因为 $a^2 + b^2 = c^2$,则有

$$S_P + S_Q = S_R$$

此外这个推理过程也适用于比相似图形更一般的图形. 然而,欧几里得给出了广义毕达哥拉斯定理的另一种证明,这种证明方法不依赖于这个特例. 在这里我们给出这个证明的解释. 特别是,我们将进一步证明毕达哥拉斯定理本身.

首先,我们知道要证明广义毕达哥拉斯定理,只须证明一种形状的多边形即可. 假设在某一线段(如,斜边)上构造两个不同形状的多边形 R 和 R',面积比为 k,接着在另一条线段上构造与它们相似的多边形(如 P 和 P',或 Q 和 Q'),比如说,是 R 和 R' 的 $\frac{1}{m}$,这样其面积是 R 和 R' 面积的 $\frac{1}{m^2}$. 因此 P 和 P' 的面积比仍为 k. 如果 P',Q',R' 的面积满足前两个图形面积和等于第三个图形面积,则比 P,Q,R 面积大 k 倍的 P',Q',R' 也满足同样的关系式.

现在的思路是取不相似于正方形的多边形,而相似于直角三角形,并在其内部构造直角三角形.

也就是说,作直角三角形斜边上的高,把三角形分成两个相似于本身的直角三角形.加上原来的直角三角形,我们有三个相似的直角三角形,满足这三个三角形在直角三角形的三边上,且两个三角形面积之和等于第三个三角形面积.

推论 如图 267,如果以直角三角形的两条直角边向外作两个半圆,以斜边向内作一个半圆,使其包含三角形,那么以这三个半圆为界的几何图形等价于三角形,即

$$A \text{ 的面积} + B \text{ 的面积} = C \text{ 的面积}$$

事实上,在这个等式的两边加上以最大半圆和三角形直角边为界的弓形面积(图 267 中未加阴影部分)后,求证在直角边上构造的半圆面积之和等于在斜边上构造的半圆面积.这个等式遵循广义毕达哥拉斯定理.

注 图 A 和图 B 是著名的希波克拉底定理.希腊数学家希波克拉底在公元前 5 世纪研究过它们,与化圆为方问题有关.当直角三角形是等腰直角三角形时,这些月牙形全等,每一个都等价于三角形的一半.

222

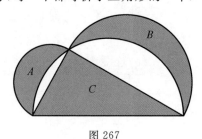

图 267

练 习

杂项问题:

576. 作直角三角形斜边上的高,将给定的直角三角形分成两个较小的三角形,其内切圆半径分别为 6 cm 和 8 cm.计算给定三角形的内切圆半径.

577. 已知直角三角形外接圆和内切圆的半径,计算直角三角形三边.

578. 如果直角三角形斜边上的高为 c,且高线的垂足将斜边黄金分割.计算直角三角形的面积.

579. 已知矩形边长为 a cm,b cm,以矩形的四条角平分线为边构造一个四边形,计算这个四边形的面积.

580*. 将一个给定矩形分成四个直角三角形,以便将它们重新组合成两个与给定矩形相似的较小矩形.

581. 四边形的两条对角线将四边分为四个三角形,其中三个三角形的面积为 10 cm^2,20 cm^2 和 30 cm^2,第四个三角形的面积较大,计算四边形的面积.

582. 半径等于给定等腰三角形高线的圆,沿底边滚动. 证明圆被三角形的腰所截得弧长等于常数.

583. 一个圆被分成四段任意弧,用直线段连接对弧中点. 证明这两条线段垂直.

584. 计算半径为 r 和 $2r$ 的两圆公切线的长度,其中两圆交于直角.

585. 证明在三角形中,各边上的高 h_a, h_b, h_c 和内切圆的半径满足关系式
$$1/h_a + 1/h_b + 1/h_c = 1/r$$

586. 证明在直角三角形中,内切圆和外接圆的直径之和等于两条直角边的和.

587*. 证明在一个斜三角形中,内切圆和外接圆的直径之和与高线上垂心到三个顶点的线段之和相等.

588*. 求到给定角两边距离不变的点的几何轨迹.

589*. 正方形的一条边是正方形外部的直角三角形的斜边. 证明在直角三角形中,直角的角平分线过正方形的中心. 若已知直角边的和,计算三角形的直角顶点与中心的距离.

590*. 从一条定直线上的两个定点出发,作给定圆的两条切线,在切线与定直线构成的两个角内,内切两个全等圆. 证明两圆连心线平行于定直线.

591*. 作三个全等圆交于一点. 证明过每个圆的圆心以及另两个圆的交点的线段相等.

592*. 给定三角形 ABC,若存在点 M 使得三角形 ABM 和 ACM 等价,求点 M 的几何轨迹.

593*. 在给定圆上,找到关于直径 CD 对称的点 A 和点 B,使得直径上的定点 E 是三角形 ABC 的垂心.

594*. 求给定圆中两条弦 AC 和 BD 交点的几何轨迹,其中 AB 是给定圆的定弦,CD 是定长的任意一条弦.

595*. 已知从三角形同一顶点引出的高线、角平分线和中线,构造这个三角形.

596*. 已知三角形的外心、内心和一条角平分线延长线与内切圆的交点. 构造这个三角形.

223

刘培杰数学工作室
已出版(即将出版)图书目录——初等数学

书　　名	出版时间	定　价	编号
新编中学数学解题方法全书(高中版)上卷(第2版)	2018－08	58.00	951
新编中学数学解题方法全书(高中版)中卷(第2版)	2018－08	68.00	952
新编中学数学解题方法全书(高中版)下卷(一)(第2版)	2018－08	58.00	953
新编中学数学解题方法全书(高中版)下卷(二)(第2版)	2018－08	58.00	954
新编中学数学解题方法全书(高中版)下卷(三)(第2版)	2018－08	68.00	955
新编中学数学解题方法全书(初中版)上卷	2008－01	28.00	29
新编中学数学解题方法全书(初中版)中卷	2010－07	38.00	75
新编中学数学解题方法全书(高考复习卷)	2010－01	48.00	67
新编中学数学解题方法全书(高考真题卷)	2010－01	38.00	62
新编中学数学解题方法全书(高考精华卷)	2011－03	68.00	118
新编平面解析几何解题方法全书(专题讲座卷)	2010－01	18.00	61
新编中学数学解题方法全书(自主招生卷)	2013－08	88.00	261
数学奥林匹克与数学文化(第一辑)	2006－05	48.00	4
数学奥林匹克与数学文化(第二辑)(竞赛卷)	2008－01	48.00	19
数学奥林匹克与数学文化(第二辑)(文化卷)	2008－07	58.00	36'
数学奥林匹克与数学文化(第三辑)(竞赛卷)	2010－01	48.00	59
数学奥林匹克与数学文化(第四辑)(竞赛卷)	2011－08	58.00	87
数学奥林匹克与数学文化(第五辑)	2015－06	98.00	370
世界著名平面几何经典著作钩沉——几何作图专题卷(共3卷)	2022－01	198.00	1460
世界著名平面几何经典著作钩沉(民国平面几何老课本)	2011－03	38.00	113
世界著名平面几何经典著作钩沉(建国初期平面三角老课本)	2015－08	38.00	507
世界著名解析几何经典著作钩沉——平面解析几何卷	2014－01	38.00	264
世界著名数论经典著作钩沉(算术卷)	2012－01	28.00	125
世界著名数学经典著作钩沉——立体几何卷	2011－02	28.00	88
世界著名三角学经典著作钩沉(平面三角卷Ⅰ)	2010－06	28.00	69
世界著名三角学经典著作钩沉(平面三角卷Ⅱ)	2011－01	38.00	78
世界著名初等数论经典著作钩沉(理论和实用算术卷)	2011－07	38.00	126
发展你的空间想象力(第2版)	2019－11	68.00	1117
空间想象力进阶	2019－05	68.00	1062
走向国际数学奥林匹克的平面几何试题诠释.第1卷	2019－07	88.00	1043
走向国际数学奥林匹克的平面几何试题诠释.第2卷	2019－09	78.00	1044
走向国际数学奥林匹克的平面几何试题诠释.第3卷	2019－03	78.00	1045
走向国际数学奥林匹克的平面几何试题诠释.第4卷	2019－09	98.00	1046
平面几何证明方法全书	2007－08	35.00	1
平面几何证明方法全书习题解答(第2版)	2006－12	18.00	10
平面几何天天练上卷·基础篇(直线型)	2013－01	58.00	208
平面几何天天练中卷·基础篇(涉及圆)	2013－01	28.00	234
平面几何天天练下卷·提高篇	2013－01	58.00	237
平面几何专题研究	2013－07	98.00	258
几何学习题集	2020－10	48.00	1217
通过解题学习代数几何	2021－04	88.00	1301

刘培杰数学工作室
已出版（即将出版）图书目录——初等数学

书　名	出版时间	定　价	编号
最新世界各国数学奥林匹克中的平面几何试题	2007—09	38.00	14
数学竞赛平面几何典型题及新颖解	2010—07	48.00	74
初等数学复习及研究（平面几何）	2008—09	68.00	38
初等数学复习及研究（立体几何）	2010—06	38.00	71
初等数学复习及研究（平面几何）习题解答	2009—01	58.00	42
几何学教程（平面几何卷）	2011—03	68.00	90
几何学教程（立体几何卷）	2011—07	68.00	130
几何变换与几何证题	2010—06	88.00	70
计算方法与几何证题	2011—06	28.00	129
立体几何技巧与方法	2014—04	88.00	293
几何瑰宝——平面几何500名题暨1500条定理（上、下）	2021—07	168.00	1358
三角形的解法与应用	2012—07	18.00	183
近代的三角形几何学	2012—07	48.00	184
一般折线几何学	2015—08	48.00	503
三角形的五心	2009—06	28.00	51
三角形的六心及其应用	2015—10	68.00	542
三角形趣谈	2012—08	28.00	212
解三角形	2014—01	28.00	265
探秘三角形：一次数学旅行	2021—10	68.00	1387
三角学专门教程	2014—09	28.00	387
图天下几何新题试卷.初中（第2版）	2017—11	58.00	855
圆锥曲线习题集（上册）	2013—06	68.00	255
圆锥曲线习题集（中册）	2015—01	78.00	434
圆锥曲线习题集（下册·第1卷）	2016—10	78.00	683
圆锥曲线习题集（下册·第2卷）	2018—01	98.00	853
圆锥曲线习题集（下册·第3卷）	2019—10	128.00	1113
圆锥曲线的思想方法	2021—08	48.00	1379
圆锥曲线的八个主要问题	2021—10	48.00	1415
论九点圆	2015—05	88.00	645
近代欧氏几何学	2012—03	48.00	162
罗巴切夫斯基几何学及几何基础概要	2012—07	28.00	188
罗巴切夫斯基几何学初步	2015—06	28.00	474
用三角、解析几何、复数、向量计算解数学竞赛几何题	2015—03	48.00	455
美国中学几何教程	2015—04	88.00	458
三线坐标与三角形特征点	2015—04	98.00	460
坐标几何学基础.第1卷，笛卡儿坐标	2021—08	48.00	1398
坐标几何学基础.第2卷，三线坐标	2021—09	28.00	1399
平面解析几何方法与研究（第1卷）	2015—05	18.00	471
平面解析几何方法与研究（第2卷）	2015—06	18.00	472
平面解析几何方法与研究（第3卷）	2015—07	18.00	473
解析几何研究	2015—01	38.00	425
解析几何学教程.上	2016—01	38.00	574
解析几何学教程.下	2016—01	38.00	575
几何学基础	2016—01	58.00	581
初等几何研究	2015—02	58.00	444
十九和二十世纪欧氏几何学中的片段	2017—01	58.00	696
平面几何中考.高考.奥数一本通	2017—07	28.00	820
几何学简史	2017—08	28.00	833
四面体	2018—01	48.00	880
平面几何证明方法思路	2018—12	68.00	913

刘培杰数学工作室
已出版(即将出版)图书目录——初等数学

书　名	出版时间	定　价	编号
平面几何图形特性新析.上篇	2019—01	68.00	911
平面几何图形特性新析.下篇	2018—06	88.00	912
平面几何范例多解探究.上篇	2018—04	48.00	910
平面几何范例多解探究.下篇	2018—12	68.00	914
从分析解题过程学解题:竞赛中的几何问题研究	2018—07	68.00	946
从分析解题过程学解题:竞赛中的向量几何与不等式研究(全2册)	2019—06	138.00	1090
从分析解题过程学解题:竞赛中的不等式问题	2021—01	48.00	1249
二维、三维欧氏几何的对偶原理	2018—12	38.00	990
星形大观及闭折线论	2019—03	68.00	1020
立体几何的问题和方法	2019—11	58.00	1127
三角代换论	2021—05	58.00	1313
俄罗斯平面几何问题集	2009—08	88.00	55
俄罗斯立体几何问题集	2014—03	58.00	283
俄罗斯几何大师——沙雷金论数学及其他	2014—01	48.00	271
来自俄罗斯的5000道几何习题及解答	2011—03	58.00	89
俄罗斯初等数学问题集	2012—05	38.00	177
俄罗斯函数问题集	2011—03	38.00	103
俄罗斯组合分析问题集	2011—01	48.00	79
俄罗斯初等数学万题选——三角卷	2012—11	38.00	222
俄罗斯初等数学万题选——代数卷	2013—08	68.00	225
俄罗斯初等数学万题选——几何卷	2014—01	68.00	226
俄罗斯《量子》杂志数学征解问题100题选	2018—08	48.00	969
俄罗斯《量子》杂志数学征解问题又100题选	2018—08	48.00	970
俄罗斯《量子》杂志数学征解问题	2020—05	48.00	1138
463个俄罗斯几何老问题	2012—01	28.00	152
《量子》数学短文精粹	2018—09	38.00	972
用三角、解析几何等计算解来自俄罗斯的几何题	2019—11	88.00	1119
基谢廖夫平面几何	2022—01	48.00	1461

书　名	出版时间	定　价	编号
谈谈素数	2011—03	18.00	91
平方和	2011—03	18.00	92
整数论	2011—05	38.00	120
从整数谈起	2015—10	28.00	538
数与多项式	2016—01	38.00	558
谈谈不定方程	2011—05	28.00	119

书　名	出版时间	定　价	编号
解析不等式新论	2009—06	68.00	48
建立不等式的方法	2011—03	98.00	104
数学奥林匹克不等式研究(第2版)	2020—07	68.00	1181
不等式研究(第二辑)	2012—02	68.00	153
不等式的秘密(第一卷)(第2版)	2014—02	38.00	286
不等式的秘密(第二卷)	2014—01	38.00	268
初等不等式的证明方法	2010—06	38.00	123
初等不等式的证明方法(第二版)	2014—11	38.00	407
不等式·理论·方法(基础卷)	2015—07	38.00	496
不等式·理论·方法(经典不等式卷)	2015—07	38.00	497
不等式·理论·方法(特殊类型不等式卷)	2015—07	48.00	498
不等式探究	2016—03	38.00	582
不等式探秘	2017—01	88.00	689
四面体不等式	2017—01	68.00	715
数学奥林匹克中常见重要不等式	2017—09	38.00	845
三正弦不等式	2018—09	98.00	974
函数方程与不等式:解法与稳定性结果	2019—04	68.00	1058

书　名	出版时间	定　价	编号
数学不等式.第1卷,对称多项式不等式	2022—01	78.00	1455
数学不等式.第2卷,对称有理式不等式与对称无理式不等式	2022—01	88.00	1456
数学不等式.第3卷,循环不等式与非循环不等式	2022—01	88.00	1457
数学不等式.第4卷,Jensen不等式的扩展与加细	即将出版	88.00	1458
数学不等式.第5卷,创建不等式与解不等式的其他方法	即将出版	88.00	1459
同余理论	2012—05	38.00	163
[x]与{x}	2015—04	48.00	476
极值与最值.上卷	2015—06	28.00	486
极值与最值.中卷	2015—06	38.00	487
极值与最值.下卷	2015—06	28.00	488
整数的性质	2012—11	38.00	192
完全平方数及其应用	2015—08	78.00	506
多项式理论	2015—10	88.00	541
奇数、偶数、奇偶分析法	2018—01	98.00	876
不定方程及其应用.上	2018—12	58.00	992
不定方程及其应用.中	2019—01	78.00	993
不定方程及其应用.下	2019—02	98.00	994
历届美国中学生数学竞赛试题及解答(第一卷)1950—1954	2014—07	18.00	277
历届美国中学生数学竞赛试题及解答(第二卷)1955—1959	2014—04	18.00	278
历届美国中学生数学竞赛试题及解答(第三卷)1960—1964	2014—06	18.00	279
历届美国中学生数学竞赛试题及解答(第四卷)1965—1969	2014—04	28.00	280
历届美国中学生数学竞赛试题及解答(第五卷)1970—1972	2014—06	18.00	281
历届美国中学生数学竞赛试题及解答(第六卷)1973—1980	2017—07	18.00	768
历届美国中学生数学竞赛试题及解答(第七卷)1981—1986	2015—01	18.00	424
历届美国中学生数学竞赛试题及解答(第八卷)1987—1990	2017—05	18.00	769
历届中国数学奥林匹克试题集(第3版)	2021—10	58.00	1440
历届加拿大数学奥林匹克试题集	2012—08	38.00	215
历届美国数学奥林匹克试题集:1972~2019	2020—04	88.00	1135
历届波兰数学竞赛试题集.第1卷,1949~1963	2015—03	18.00	453
历届波兰数学竞赛试题集.第2卷,1964~1976	2015—03	18.00	454
历届巴尔干数学奥林匹克试题集	2015—05	38.00	466
保加利亚数学奥林匹克	2014—10	38.00	393
圣彼得堡数学奥林匹克试题集	2015—01	38.00	429
匈牙利奥林匹克数学竞赛题解.第1卷	2016—05	28.00	593
匈牙利奥林匹克数学竞赛题解.第2卷	2016—05	28.00	594
历届美国数学邀请赛试题集(第2版)	2017—10	78.00	851
普林斯顿大学数学竞赛	2016—06	38.00	669
亚太地区数学奥林匹克竞赛题	2015—07	18.00	492
日本历届(初级)广中杯数学竞赛试题及解答.第1卷(2000~2007)	2016—05	28.00	641
日本历届(初级)广中杯数学竞赛试题及解答.第2卷(2008~2015)	2016—05	38.00	642
越南数学奥林匹克题选:1962—2009	2021—07	48.00	1370
360个数学竞赛问题	2016—08	58.00	677
奥数最佳实战题.上卷	2017—06	38.00	760
奥数最佳实战题.下卷	2017—05	58.00	761
哈尔滨市早期中学数学竞赛试题汇编	2016—07	28.00	672
全国高中数学联赛试题及解答:1981—2019(第4版)	2020—07	138.00	1176
2021年全国高中数学联合竞赛模拟题集	2021—04	30.00	1302
20世纪50年代全国部分城市数学竞赛试题汇编	2017—07	28.00	797
国内外数学竞赛题及精解:2018~2019	2020—08	45.00	1192
国内外数学竞赛题及精解:2019~2020	2021—11	58.00	1439

刘培杰数学工作室
已出版(即将出版)图书目录——初等数学

书 名	出版时间	定 价	编号
许康华竞赛优学精选集.第一辑	2018-08	68.00	949
天问叶班数学问题征解100题.Ⅰ,2016-2018	2019-05	88.00	1075
天问叶班数学问题征解100题.Ⅱ,2017-2019	2020-07	98.00	1177
美国初中数学竞赛:AMC8准备(共6卷)	2019-07	138.00	1089
美国高中数学竞赛:AMC10准备(共6卷)	2019-08	158.00	1105
王连笑教你怎样学数学:高考选择题解题策略与客观题实用训练	2014-01	48.00	262
王连笑教你怎样学数学:高考数学高层次讲座	2015-02	48.00	432
高考数学的理论与实践	2009-08	38.00	53
高考数学核心题型解题方法与技巧	2010-01	28.00	86
高考思维新平台	2014-03	38.00	259
高考数学压轴题解题诀窍(上)(第2版)	2018-01	58.00	874
高考数学压轴题解题诀窍(下)(第2版)	2018-01	48.00	875
北京市五区文科数学三年高考模拟题详解:2013~2015	2015-08	48.00	500
北京市五区理科数学三年高考模拟题详解:2013~2015	2015-09	68.00	505
向量法巧解数学高考题	2009-08	28.00	54
高中数学课堂教学的实践与反思	2021-11	48.00	791
数学高考参考	2016-01	78.00	589
新课程标准高考数学解答题各种题型解法指导	2020-08	78.00	1196
全国及各省市高考数学试题审题要津与解法研究	2015-02	48.00	450
高中数学章节起始课的教学研究与案例设计	2019-05	28.00	1064
新课标高考数学——五年试题分章详解(2007~2011)(上、下)	2011-10	78.00	140,141
全国中考数学压轴题审题要津与解法研究	2013-04	78.00	248
新编全国及各省市中考数学压轴题审题要津与解法研究	2014-05	58.00	342
全国及各省市5年中考数学压轴题审题要津与解法研究(2015版)	2015-04	58.00	462
中考数学专题总复习	2007-04	28.00	6
中考数学较难题常考题型解题方法与技巧	2016-09	48.00	681
中考数学难题常考题型解题方法与技巧	2016-09	48.00	682
中考数学中档题常考题型解题方法与技巧	2017-08	68.00	835
中考数学选填压轴好题妙解365	2017-05	38.00	759
中考数学:三类重点考题的解法例析与习题	2020-04	48.00	1140
中小学数学的历史文化	2019-11	48.00	1124
初中平面几何百题多思创新解	2020-01	58.00	1125
初中数学中考备考	2020-01	58.00	1126
高考数学之九章演义	2019-08	68.00	1044
化学可以这样学:高中化学知识方法智慧感悟疑难辨析	2019-07	58.00	1103
如何成为学习高手	2019-09	58.00	1107
高考数学:经典真题分类解析	2020-04	78.00	1134
高考数学解答题破解策略	2020-11	58.00	1221
从分析解题过程学解题:高考压轴题与竞赛题之关系探究	2020-08	88.00	1179
教学新思考:单元整体视角下的初中数学教学设计	2021-03	58.00	1278
思维再拓展:2020年经典几何题的多解探究与思考	即将出版		1279
中考数学小压轴汇编初讲	2017-07	48.00	788
中考数学大压轴专题微言	2017-09	48.00	846
怎么解中考平面几何探索题	2019-06	48.00	1093
北京中考数学压轴题解题方法突破(第7版)	2021-11	68.00	1442
助你高考成功的数学解题智慧:知识是智慧的基础	2016-01	58.00	596
助你高考成功的数学解题智慧:错误是智慧的试金石	2016-04	58.00	643
助你高考成功的数学解题智慧:方法是智慧的推手	2016-04	68.00	657
高考数学奇思妙解	2016-04	38.00	610
高考数学解题策略	2016-05	48.00	670
数学解题泄天机(第2版)	2017-10	48.00	850

书　　　名	出版时间	定　价	编号
高考物理压轴题全解	2017—04	58.00	746
高中物理经典问题25讲	2017—05	28.00	764
高中物理教学讲义	2018—01	48.00	871
高中物理答疑解惑65篇	2021—11	48.00	1462
中学物理基础问题解析	2020—08	48.00	1183
2016年高考文科数学真题研究	2017—04	58.00	754
2016年高考理科数学真题研究	2017—04	78.00	755
2017年高考理科数学真题研究	2018—01	58.00	867
2017年高考文科数学真题研究	2018—01	48.00	868
初中数学、高中数学脱节知识补缺教材	2017—06	48.00	766
高考数学小题抢分必练	2017—10	48.00	834
高考数学核心素养解读	2017—09	38.00	839
高考数学客观题解题方法和技巧	2017—10	38.00	847
十年高考数学精品试题审题要津与解法研究	2021—10	98.00	1427
中国历届高考数学试题及解答.1949—1979	2018—01	38.00	877
历届中国高考数学试题及解答.第二卷,1980—1989	2018—10	28.00	975
历届中国高考数学试题及解答.第三卷,1990—1999	2018—10	48.00	976
数学文化与高考研究	2018—03	48.00	882
跟我学解高中数学题	2018—07	58.00	926
中学数学研究的方法及案例	2018—05	58.00	869
高考数学抢分技能	2018—07	68.00	934
高一新生常用数学方法和重要数学思想提升教材	2018—06	38.00	921
2018年高考数学真题研究	2019—01	68.00	1000
2019年高考数学真题研究	2020—05	88.00	1137
高考数学全国卷六道解答题常考题型解题诀窍:理科(全2册)	2019—07	78.00	1101
高考数学全国卷16道选择、填空题常考题型解题诀窍.理科	2018—09	88.00	971
高考数学全国卷16道选择、填空题常考题型解题诀窍.文科	2020—01	88.00	1123
新课程标准高中数学各种题型解法大全.必修一分册	2021—06	58.00	1315
高中数学一题多解	2019—06	58.00	1087
历届中国高考数学试题及解答:1917—1999	2021—08	98.00	1371
突破高原:高中数学解题思维探究	2021—08	48.00	1375
高考数学中的"取值范围"	2021—10	48.00	1429
新编640个世界著名数学智力趣题	2014—01	88.00	242
500个最新世界著名数学智力趣题	2008—06	48.00	3
400个最新世界著名数学最值问题	2008—09	48.00	36
500个世界著名数学征解问题	2009—06	48.00	52
400个中国最佳初等数学征解老问题	2010—01	48.00	60
500个俄罗斯数学经典老题	2011—01	28.00	81
1000个国外中学物理好题	2012—04	48.00	174
300个日本高考数学题	2012—05	38.00	142
700个早期日本高考数学试题	2017—02	88.00	752
500个前苏联早期高考数学试题及解答	2012—05	28.00	185
546个早期俄罗斯大学生数学竞赛题	2014—03	38.00	285
548个来自美苏的数学好问题	2014—11	28.00	396
20所苏联著名大学早期入学试题	2015—02	18.00	452
161道德国工科大学生必做的微分方程习题	2015—05	28.00	469
500个德国工科大学生必做的高数习题	2015—06	28.00	478
360个数学竞赛问题	2016—08	58.00	677
200个趣味数学故事	2018—02	48.00	857
470个数学奥林匹克中的最值问题	2018—10	88.00	985
德国讲义日本考题.微积分卷	2015—04	48.00	456
德国讲义日本考题.微分方程卷	2015—04	38.00	457
二十世纪中叶中、英、美、日、法、俄高考数学试题精选	2017—06	38.00	783

书　名	出版时间	定　价	编号
中国初等数学研究　2009 卷(第 1 辑)	2009－05	20.00	45
中国初等数学研究　2010 卷(第 2 辑)	2010－05	30.00	68
中国初等数学研究　2011 卷(第 3 辑)	2011－07	60.00	127
中国初等数学研究　2012 卷(第 4 辑)	2012－07	48.00	190
中国初等数学研究　2014 卷(第 5 辑)	2014－02	48.00	288
中国初等数学研究　2015 卷(第 6 辑)	2015－06	68.00	493
中国初等数学研究　2016 卷(第 7 辑)	2016－04	68.00	609
中国初等数学研究　2017 卷(第 8 辑)	2017－01	98.00	712
初等数学研究在中国.第 1 辑	2019－03	158.00	1024
初等数学研究在中国.第 2 辑	2019－10	158.00	1116
初等数学研究在中国.第 3 辑	2021－05	158.00	1306
几何变换(Ⅰ)	2014－07	28.00	353
几何变换(Ⅱ)	2015－06	28.00	354
几何变换(Ⅲ)	2015－01	38.00	355
几何变换(Ⅳ)	2015－12	38.00	356
初等数论难题集(第一卷)	2009－05	68.00	44
初等数论难题集(第二卷)(上、下)	2011－02	128.00	82,83
数论概貌	2011－03	18.00	93
代数数论(第二版)	2013－08	58.00	94
代数多项式	2014－06	38.00	289
初等数论的知识与问题	2011－02	28.00	95
超越数论基础	2011－03	28.00	96
数论初等教程	2011－03	28.00	97
数论基础	2011－03	18.00	98
数论基础与维诺格拉多夫	2014－03	18.00	292
解析数论基础	2012－08	28.00	216
解析数论基础(第二版)	2014－01	48.00	287
解析数论问题集(第二版)(原版引进)	2014－05	88.00	343
解析数论问题集(第二版)(中译本)	2016－04	88.00	607
解析数论基础(潘承洞,潘承彪著)	2016－07	98.00	673
解析数论导引	2016－07	58.00	674
数论入门	2011－03	38.00	99
代数数论入门	2015－03	38.00	448
数论开篇	2012－07	28.00	194
解析数论引论	2011－03	48.00	100
Barban Davenport Halberstam 均值和	2009－01	40.00	33
基础数论	2011－03	28.00	101
初等数论 100 例	2011－05	18.00	122
初等数论经典例题	2012－07	18.00	204
最新世界各国数学奥林匹克中的初等数论试题(上、下)	2012－01	138.00	144,145
初等数论(Ⅰ)	2012－01	18.00	156
初等数论(Ⅱ)	2012－01	18.00	157
初等数论(Ⅲ)	2012－01	28.00	158

刘培杰数学工作室
已出版(即将出版)图书目录——初等数学

书 名	出版时间	定 价	编号
平面几何与数论中未解决的新老问题	2013—01	68.00	229
代数数论简史	2014—11	28.00	408
代数数论	2015—09	88.00	532
代数、数论及分析习题集	2016—11	98.00	695
数论导引提要及习题解答	2016—01	48.00	559
素数定理的初等证明.第2版	2016—09	48.00	686
数论中的模函数与狄利克雷级数(第二版)	2017—11	78.00	837
数论:数学导引	2018—01	68.00	849
范氏大代数	2019—02	98.00	1016
解析数学讲义.第一卷,导来式及微分、积分、级数	2019—04	88.00	1021
解析数学讲义.第二卷,关于几何的应用	2019—04	68.00	1022
解析数学讲义.第三卷,解析函数论	2019—04	78.00	1023
分析·组合·数论纵横谈	2019—04	58.00	1039
Hall 代数:民国时期的中学数学课本:英文	2019—08	88.00	1106
数学精神巡礼	2019—01	58.00	731
数学眼光透视(第2版)	2017—06	78.00	732
数学思想领悟(第2版)	2018—01	68.00	733
数学方法溯源(第2版)	2018—08	68.00	734
数学解题引论	2017—05	58.00	735
数学史话览胜(第2版)	2017—01	48.00	736
数学应用展观(第2版)	2017—08	68.00	737
数学建模尝试	2018—04	48.00	738
数学竞赛采风	2018—01	68.00	739
数学测评探营	2019—05	58.00	740
数学技能操握	2018—03	48.00	741
数学欣赏拾趣	2018—02	48.00	742
从毕达哥拉斯到怀尔斯	2007—10	48.00	9
从迪利克雷到维斯卡尔迪	2008—01	48.00	21
从哥德巴赫到陈景润	2008—05	98.00	35
从庞加莱到佩雷尔曼	2011—08	138.00	136
博弈论精粹	2008—03	58.00	30
博弈论精粹.第二版(精装)	2015—01	88.00	461
数学 我爱你	2008—01	28.00	20
精神的圣徒 别样的人生——60位中国数学家成长的历程	2008—09	48.00	39
数学史概论	2009—06	78.00	50
数学史概论(精装)	2013—03	158.00	272
数学史选讲	2016—01	48.00	544
斐波那契数列	2010—02	28.00	65
数学拼盘和斐波那契魔方	2010—07	38.00	72
斐波那契数列欣赏(第2版)	2018—08	58.00	948
Fibonacci 数列中的明珠	2018—06	58.00	928
数学的创造	2011—02	48.00	85
数学美与创造力	2016—01	48.00	595
数海拾贝	2016—01	48.00	590
数学中的美(第2版)	2019—04	68.00	1057
数论中的美学	2014—12	38.00	351

刘培杰数学工作室

已出版（即将出版）图书目录——初等数学

书　　名	出版时间	定　价	编号
数学王者　科学巨人——高斯	2015—01	28.00	428
振兴祖国数学的圆梦之旅:中国初等数学研究史话	2015—06	98.00	490
二十世纪中国数学史料研究	2015—10	48.00	536
数字谜、数阵图与棋盘覆盖	2016—01	58.00	298
时间的形状	2016—01	38.00	556
数学发现的艺术:数学探索中的合情推理	2016—07	58.00	671
活跃在数学中的参数	2016—07	48.00	675
数海趣史	2021—05	98.00	1314
数学解题——靠数学思想给力(上)	2011—07	38.00	131
数学解题——靠数学思想给力(中)	2011—07	48.00	132
数学解题——靠数学思想给力(下)	2011—07	38.00	133
我怎样解题	2013—01	48.00	227
数学解题中的物理方法	2011—06	28.00	114
数学解题的特殊方法	2011—06	48.00	115
中学数学计算技巧(第2版)	2020—10	48.00	1220
中学数学证明方法	2012—01	58.00	117
数学趣题巧解	2012—03	28.00	128
高中数学教学通鉴	2015—05	58.00	479
和高中生漫谈:数学与哲学的故事	2014—08	28.00	369
算术问题集	2017—03	38.00	789
张教授讲数学	2018—07	38.00	933
陈永明实话实说数学教学	2020—04	68.00	1132
中学数学学科知识与教学能力	2020—06	58.00	1155
自主招生考试中的参数方程问题	2015—01	28.00	435
自主招生考试中的极坐标问题	2015—01	28.00	463
近年全国重点大学自主招生数学试题全解及研究.华约卷	2015—02	38.00	441
近年全国重点大学自主招生数学试题全解及研究.北约卷	2016—05	38.00	619
自主招生数学解证宝典	2015—09	48.00	535
格点和面积	2012—07	18.00	191
射影几何趣谈	2012—04	28.00	175
斯潘纳尔引理——从一道加拿大数学奥林匹克试题谈起	2014—01	28.00	228
李普希兹条件——从几道近年高考数学试题谈起	2012—10	18.00	221
拉格朗日中值定理——从一道北京高考试题的解法谈起	2015—10	18.00	197
闵科夫斯基定理——从一道清华大学自主招生试题谈起	2014—01	28.00	198
哈尔测度——从一道冬令营试题的背景谈起	2012—08	28.00	202
切比雪夫逼近问题——从一道中国台北数学奥林匹克试题谈起	2013—04	38.00	238
伯恩斯坦多项式与贝齐尔曲面——从一道全国高中数学联赛试题谈起	2013—03	38.00	236
卡塔兰猜想——从一道普特南竞赛试题谈起	2013—06	18.00	256
麦卡锡函数和阿克曼函数——从一道前南斯拉夫数学奥林匹克试题谈起	2012—08	18.00	201
贝蒂定理与拉克莫莫斯尔定理——从一个拣石子游戏谈起	2012—08	18.00	217
皮亚诺曲线和豪斯道夫分球定理——从无限集谈起	2012—08	18.00	211
平面凸图形与凸多面体	2012—10	28.00	218
斯坦因豪斯问题——从一道二十五省市自治区中学数学竞赛试题谈起	2012—07	18.00	196

刘培杰数学工作室
已出版(即将出版)图书目录——初等数学

书　　名	出版时间	定　价	编号
纽结理论中的亚历山大多项式与琼斯多项式——从一道北京市高一数学竞赛试题谈起	2012—07	28.00	195
原则与策略——从波利亚"解题表"谈起	2013—04	38.00	244
转化与化归——从三大尺规作图不能问题谈起	2012—08	28.00	214
代数几何中的贝祖定理(第一版)——从一道 IMO 试题的解法谈起	2013—08	18.00	193
成功连贯理论与约当块理论——从一道比利时数学竞赛试题谈起	2012—04	18.00	180
素数判定与大数分解	2014—08	18.00	199
置换多项式及其应用	2012—10	18.00	220
椭圆函数与模函数——从一道美国加州大学洛杉矶分校(UCLA)博士资格考题谈起	2012—10	28.00	219
差分方程的拉格朗日方法——从一道 2011 年全国高考理科试题的解法谈起	2012—08	28.00	200
力学在几何中的一些应用	2013—01	38.00	240
从根式解到伽罗华理论	2020—01	48.00	1121
康托洛维奇不等式——从一道全国高中联赛试题谈起	2013—03	28.00	337
西格尔引理——从一道第 18 届 IMO 试题的解法谈起	即将出版		
罗斯定理——从一道前苏联数学竞赛试题谈起	即将出版		
拉克斯定理和阿廷定理——从一道 IMO 试题的解法谈起	2014—01	58.00	246
毕卡大定理——从一道美国大学数学竞赛试题谈起	2014—07	18.00	350
贝齐尔曲线——从一道全国高中联赛试题谈起	即将出版		
拉格朗日乘子定理——从一道 2005 年全国高中联赛试题的高等数学解法谈起	2015—05	28.00	480
雅可比定理——从一道日本数学奥林匹克试题谈起	2013—04	48.00	249
李天岩-约克定理——从一道波兰数学竞赛试题谈起	2014—06	28.00	349
整系数多项式因式分解的一般方法——从克朗耐克算法谈起	即将出版		
布劳维不动点定理——从一道前苏联数学奥林匹克试题谈起	2014—01	38.00	273
伯恩赛德定理——从一道英国数学奥林匹克试题谈起	即将出版		
布查特-莫斯特定理——从一道上海市初中竞赛试题谈起	即将出版		
数论中的同余数问题——从一道普特南竞赛试题谈起	即将出版		
范·德蒙行列式——从一道美国数学奥林匹克试题谈起	即将出版		
中国剩余定理:总数法构建中国历史年表	2015—01	28.00	430
牛顿程序与方程求根——从一道全国高考试题解法谈起	即将出版		
库默尔定理——从一道 IMO 预选试题谈起	即将出版		
卢丁定理——从一道冬令营试题的解法谈起	即将出版		
沃斯滕霍姆定理——从一道 IMO 预选试题谈起	即将出版		
卡尔松不等式——从一道莫斯科数学奥林匹克试题谈起	即将出版		
信息论中的香农熵——从一道近年高考压轴题谈起	即将出版		
约当不等式——从一道希望杯竞赛试题谈起	即将出版		
拉比诺维奇定理	即将出版		
刘维尔定理——从一道《美国数学月刊》征解问题的解法谈起	即将出版		
卡塔兰恒等式与级数求和——从一道 IMO 试题的解法谈起	即将出版		
勒让德猜想与素数分布——从一道爱尔兰竞赛试题谈起	即将出版		
天平称重与信息论——从一道基辅市数学奥林匹克试题谈起	即将出版		
哈密尔顿-凯莱定理:从一道高中数学联赛试题的解法谈起	2014—09	18.00	376
艾思特曼定理——从一道 CMO 试题的解法谈起	即将出版		

刘培杰数学工作室
已出版(即将出版)图书目录——初等数学

书　　名	出版时间	定　价	编号
阿贝尔恒等式与经典不等式及应用	2018—06	98.00	923
迪利克雷除数问题	2018—07	48.00	930
幻方、幻立方与拉丁方	2019—08	48.00	1092
帕斯卡三角形	2014—03	18.00	294
蒲丰投针问题——从2009年清华大学的一道自主招生试题谈起	2014—01	38.00	295
斯图姆定理——从一道"华约"自主招生试题的解法谈起	2014—01	18.00	296
许瓦兹引理——从一道加利福尼亚大学伯克利分校数学系博士生试题谈起	2014—08	18.00	297
拉姆塞定理——从王诗宬院士的一个问题谈起	2016—04	48.00	299
坐标法	2013—12	28.00	332
数论三角形	2014—04	38.00	341
毕克定理	2014—07	18.00	352
数林掠影	2014—09	48.00	389
我们周围的概率	2014—10	38.00	390
凸函数最值定理:从一道华约自主招生题的解法谈起	2014—10	28.00	391
易学与数学奥林匹克	2014—10	38.00	392
生物数学趣谈	2015—01	18.00	409
反演	2015—01	28.00	420
因式分解与圆锥曲线	2015—01	18.00	426
轨迹	2015—01	28.00	427
面积原理:从常庚哲命的一道CMO试题的积分解法谈起	2015—01	48.00	431
形形色色的不动点定理:从一道28届IMO试题谈起	2015—01	38.00	439
柯西函数方程:从一道上海交大自主招生的试题谈起	2015—02	28.00	440
三角恒等式	2015—02	28.00	442
无理性判定:从一道2014年"北约"自主招生试题谈起	2015—01	38.00	443
数学归纳法	2015—03	18.00	451
极端原理与解题	2015—04	28.00	464
法雷级数	2014—08	18.00	367
摆线族	2015—01	38.00	438
函数方程及其解法	2015—05	38.00	470
含参数的方程和不等式	2012—09	28.00	213
希尔伯特第十问题	2016—01	38.00	543
无穷小量的求和	2016—01	28.00	545
切比雪夫多项式:从一道清华大学金秋营试题谈起	2016—01	38.00	583
泽肯多夫定理	2016—03	38.00	599
代数等式证题法	2016—01	28.00	600
三角等式证题法	2016—01	28.00	601
吴大任教授藏书中的一个因式分解公式:从一道美国数学邀请赛试题的解法谈起	2016—06	28.00	656
易卦——类万物的数学模型	2017—08	68.00	838
"不可思议"的数与数系可持续发展	2018—01	38.00	878
最短线	2018—01	38.00	879
幻方和魔方(第一卷)	2012—05	68.00	173
尘封的经典——初等数学经典文献选读(第一卷)	2012—07	48.00	205
尘封的经典——初等数学经典文献选读(第二卷)	2012—07	38.00	206
初级方程式论	2011—03	28.00	106
初等数学研究(Ⅰ)	2008—09	68.00	37
初等数学研究(Ⅱ)(上、下)	2009—05	118.00	46,47

书　名	出版时间	定　价	编号
趣味初等方程妙题集锦	2014—09	48.00	388
趣味初等数论选美与欣赏	2015—02	48.00	445
耕读笔记(上卷):一位农民数学爱好者的初数探索	2015—04	28.00	459
耕读笔记(中卷):一位农民数学爱好者的初数探索	2015—05	28.00	483
耕读笔记(下卷):一位农民数学爱好者的初数探索	2015—05	28.00	484
几何不等式研究与欣赏.上卷	2016—01	88.00	547
几何不等式研究与欣赏.下卷	2016—01	48.00	552
初等数列研究与欣赏·上	2016—01	48.00	570
初等数列研究与欣赏·下	2016—01	48.00	571
趣味初等函数研究与欣赏.上	2016—09	48.00	684
趣味初等函数研究与欣赏.下	2018—09	48.00	685
三角不等式研究与欣赏	2020—10	68.00	1197
新编平面解析几何解题方法研究与欣赏	2021—10	78.00	1426
火柴游戏	2016—05	38.00	612
智力解谜.第1卷	2017—07	38.00	613
智力解谜.第2卷	2017—07	38.00	614
故事智力	2016—07	48.00	615
名人们喜欢的智力问题	2020—01	48.00	616
数学大师的发现、创造与失误	2018—01	48.00	617
异曲同工	2018—09	48.00	618
数学的味道	2018—01	58.00	798
数学千字文	2018—10	68.00	977
数贝偶拾——高考数学题研究	2014—04	28.00	274
数贝偶拾——初等数学研究	2014—04	38.00	275
数贝偶拾——奥数题研究	2014—04	48.00	276
钱昌本教你快乐学数学(上)	2011—12	48.00	155
钱昌本教你快乐学数学(下)	2012—03	58.00	171
集合、函数与方程	2014—01	28.00	300
数列与不等式	2014—01	38.00	301
三角与平面向量	2014—01	28.00	302
平面解析几何	2014—01	38.00	303
立体几何与组合	2014—01	28.00	304
极限与导数、数学归纳法	2014—01	38.00	305
趣味数学	2014—03	28.00	306
教材教法	2014—04	68.00	307
自主招生	2014—05	58.00	308
高考压轴题(上)	2015—01	48.00	309
高考压轴题(下)	2014—10	68.00	310
从费马到怀尔斯——费马大定理的历史	2013—10	198.00	I
从庞加莱到佩雷尔曼——庞加莱猜想的历史	2013—10	298.00	II
从切比雪夫到爱尔特希(上)——素数定理的初等证明	2013—07	48.00	III
从切比雪夫到爱尔特希(下)——素数定理100年	2012—12	98.00	III
从高斯到盖尔方特——二次域的高斯猜想	2013—10	198.00	IV
从库默尔到朗兰兹——朗兰兹猜想的历史	2014—01	98.00	V
从比勃巴赫到德布朗斯——比勃巴赫猜想的历史	2014—02	298.00	VI
从麦比乌斯到陈省身——麦比乌斯变换与麦比乌斯带	2014—02	298.00	VII
从布尔到豪斯道夫——布尔方程与格论漫谈	2013—10	198.00	VIII
从开普勒到阿诺德——三体问题的历史	2014—05	298.00	IX
从华林到华罗庚——华林问题的历史	2013—10	298.00	X

刘培杰数学工作室
已出版(即将出版)图书目录——初等数学

书 名	出版时间	定价	编号
美国高中数学竞赛五十讲.第1卷(英文)	2014－08	28.00	357
美国高中数学竞赛五十讲.第2卷(英文)	2014－08	28.00	358
美国高中数学竞赛五十讲.第3卷(英文)	2014－09	28.00	359
美国高中数学竞赛五十讲.第4卷(英文)	2014－09	28.00	360
美国高中数学竞赛五十讲.第5卷(英文)	2014－10	28.00	361
美国高中数学竞赛五十讲.第6卷(英文)	2014－11	28.00	362
美国高中数学竞赛五十讲.第7卷(英文)	2014－12	28.00	363
美国高中数学竞赛五十讲.第8卷(英文)	2015－01	28.00	364
美国高中数学竞赛五十讲.第9卷(英文)	2015－01	28.00	365
美国高中数学竞赛五十讲.第10卷(英文)	2015－02	38.00	366
三角函数(第2版)	2017－04	38.00	626
不等式	2014－01	38.00	312
数列	2014－01	38.00	313
方程(第2版)	2017－04	38.00	624
排列和组合	2014－01	28.00	315
极限与导数(第2版)	2016－04	38.00	635
向量(第2版)	2018－08	58.00	627
复数及其应用	2014－08	28.00	318
函数	2014－01	38.00	319
集合	2020－01	48.00	320
直线与平面	2014－01	28.00	321
立体几何(第2版)	2016－04	38.00	629
解三角形	即将出版		323
直线与圆(第2版)	2016－11	38.00	631
圆锥曲线(第2版)	2016－09	48.00	632
解题通法(一)	2014－07	38.00	326
解题通法(二)	2014－07	38.00	327
解题通法(三)	2014－05	38.00	328
概率与统计	2014－01	28.00	329
信息迁移与算法	即将出版		330
IMO 50年.第1卷(1959－1963)	2014－11	28.00	377
IMO 50年.第2卷(1964－1968)	2014－11	28.00	378
IMO 50年.第3卷(1969－1973)	2014－09	28.00	379
IMO 50年.第4卷(1974－1978)	2016－04	38.00	380
IMO 50年.第5卷(1979－1984)	2015－04	38.00	381
IMO 50年.第6卷(1985－1989)	2015－04	58.00	382
IMO 50年.第7卷(1990－1994)	2016－01	48.00	383
IMO 50年.第8卷(1995－1999)	2016－06	38.00	384
IMO 50年.第9卷(2000－2004)	2015－04	58.00	385
IMO 50年.第10卷(2005－2009)	2016－01	48.00	386
IMO 50年.第11卷(2010－2015)	2017－03	48.00	646

刘培杰数学工作室
已出版(即将出版)图书目录——初等数学

书　名	出版时间	定　价	编号
数学反思(2006—2007)	2020—09	88.00	915
数学反思(2008—2009)	2019—01	68.00	917
数学反思(2010—2011)	2018—05	58.00	916
数学反思(2012—2013)	2019—01	58.00	918
数学反思(2014—2015)	2019—03	78.00	919
数学反思(2016—2017)	2021—03	58.00	1286
历届美国大学生数学竞赛试题集.第一卷(1938—1949)	2015—01	28.00	397
历届美国大学生数学竞赛试题集.第二卷(1950—1959)	2015—01	28.00	398
历届美国大学生数学竞赛试题集.第三卷(1960—1969)	2015—01	28.00	399
历届美国大学生数学竞赛试题集.第四卷(1970—1979)	2015—01	18.00	400
历届美国大学生数学竞赛试题集.第五卷(1980—1989)	2015—01	28.00	401
历届美国大学生数学竞赛试题集.第六卷(1990—1999)	2015—01	28.00	402
历届美国大学生数学竞赛试题集.第七卷(2000—2009)	2015—08	18.00	403
历届美国大学生数学竞赛试题集.第八卷(2010—2012)	2015—01	18.00	404
新课标高考数学创新题解题诀窍:总论	2014—09	28.00	372
新课标高考数学创新题解题诀窍:必修1~5分册	2014—08	38.00	373
新课标高考数学创新题解题诀窍:选修2—1,2—2,1—1,1—2分册	2014—09	38.00	374
新课标高考数学创新题解题诀窍:选修2—3,4—4,4—5分册	2014—09	18.00	375
全国重点大学自主招生英文数学试题全攻略:词汇卷	2015—07	48.00	410
全国重点大学自主招生英文数学试题全攻略:概念卷	2015—01	28.00	411
全国重点大学自主招生英文数学试题全攻略:文章选读卷(上)	2016—09	38.00	412
全国重点大学自主招生英文数学试题全攻略:文章选读卷(下)	2017—01	58.00	413
全国重点大学自主招生英文数学试题全攻略:试题卷	2015—07	38.00	414
全国重点大学自主招生英文数学试题全攻略:名著欣赏卷	2017—03	48.00	415
劳埃德数学趣题大全.题目卷.1:英文	2016—01	18.00	516
劳埃德数学趣题大全.题目卷.2:英文	2016—01	18.00	517
劳埃德数学趣题大全.题目卷.3:英文	2016—01	18.00	518
劳埃德数学趣题大全.题目卷.4:英文	2016—01	18.00	519
劳埃德数学趣题大全.题目卷.5:英文	2016—01	18.00	520
劳埃德数学趣题大全.答案卷:英文	2016—01	18.00	521
李成章教练奥数笔记.第1卷	2016—01	48.00	522
李成章教练奥数笔记.第2卷	2016—01	48.00	523
李成章教练奥数笔记.第3卷	2016—01	38.00	524
李成章教练奥数笔记.第4卷	2016—01	38.00	525
李成章教练奥数笔记.第5卷	2016—01	38.00	526
李成章教练奥数笔记.第6卷	2016—01	38.00	527
李成章教练奥数笔记.第7卷	2016—01	38.00	528
李成章教练奥数笔记.第8卷	2016—01	48.00	529
李成章教练奥数笔记.第9卷	2016—01	28.00	530

刘培杰数学工作室
已出版(即将出版)图书目录——初等数学

书　名	出版时间	定　价	编号
第19～23届"希望杯"全国数学邀请赛试题审题要津详细评注(初一版)	2014—03	28.00	333
第19～23届"希望杯"全国数学邀请赛试题审题要津详细评注(初二、初三版)	2014—03	38.00	334
第19～23届"希望杯"全国数学邀请赛试题审题要津详细评注(高一版)	2014—03	28.00	335
第19～23届"希望杯"全国数学邀请赛试题审题要津详细评注(高二版)	2014—03	38.00	336
第19～25届"希望杯"全国数学邀请赛试题审题要津详细评注(初一版)	2015—01	38.00	416
第19～25届"希望杯"全国数学邀请赛试题审题要津详细评注(初二、初三版)	2015—01	58.00	417
第19～25届"希望杯"全国数学邀请赛试题审题要津详细评注(高一版)	2015—01	48.00	418
第19～25届"希望杯"全国数学邀请赛试题审题要津详细评注(高二版)	2015—01	48.00	419
物理奥林匹克竞赛大题典——力学卷	2014—11	48.00	405
物理奥林匹克竞赛大题典——热学卷	2014—04	28.00	339
物理奥林匹克竞赛大题典——电磁学卷	2015—07	48.00	406
物理奥林匹克竞赛大题典——光学与近代物理卷	2014—06	28.00	345
历届中国东南地区数学奥林匹克试题集(2004～2012)	2014—06	18.00	346
历届中国西部地区数学奥林匹克试题集(2001～2012)	2014—07	18.00	347
历届中国女子数学奥林匹克试题集(2002～2012)	2014—08	18.00	348
数学奥林匹克在中国	2014—06	98.00	344
数学奥林匹克问题集	2014—01	38.00	267
数学奥林匹克不等式散论	2010—06	38.00	124
数学奥林匹克不等式欣赏	2011—09	38.00	138
数学奥林匹克超级题库(初中卷上)	2010—01	58.00	66
数学奥林匹克不等式证明方法和技巧(上、下)	2011—08	158.00	134,135
他们学什么:原民主德国中学数学课本	2016—09	38.00	658
他们学什么:英国中学数学课本	2016—09	38.00	659
他们学什么:法国中学数学课本.1	2016—09	38.00	660
他们学什么:法国中学数学课本.2	2016—09	28.00	661
他们学什么:法国中学数学课本.3	2016—09	38.00	662
他们学什么:苏联中学数学课本	2016—09	28.00	679
高中数学题典——集合与简易逻辑·函数	2016—07	48.00	647
高中数学题典——导数	2016—07	48.00	648
高中数学题典——三角函数·平面向量	2016—07	48.00	649
高中数学题典——数列	2016—07	58.00	650
高中数学题典——不等式·推理与证明	2016—07	38.00	651
高中数学题典——立体几何	2016—07	48.00	652
高中数学题典——平面解析几何	2016—07	78.00	653
高中数学题典——计数原理·统计·概率·复数	2016—07	48.00	654
高中数学题典——算法·平面几何·初等数论·组合数学·其他	2016—07	68.00	655

刘培杰数学工作室
已出版(即将出版)图书目录——初等数学

书　　名	出版时间	定　价	编号
台湾地区奥林匹克数学竞赛试题.小学一年级	2017－03	38.00	722
台湾地区奥林匹克数学竞赛试题.小学二年级	2017－03	38.00	723
台湾地区奥林匹克数学竞赛试题.小学三年级	2017－03	38.00	724
台湾地区奥林匹克数学竞赛试题.小学四年级	2017－03	38.00	725
台湾地区奥林匹克数学竞赛试题.小学五年级	2017－03	38.00	726
台湾地区奥林匹克数学竞赛试题.小学六年级	2017－03	38.00	727
台湾地区奥林匹克数学竞赛试题.初中一年级	2017－03	38.00	728
台湾地区奥林匹克数学竞赛试题.初中二年级	2017－03	38.00	729
台湾地区奥林匹克数学竞赛试题.初中三年级	2017－03	28.00	730
不等式证题法	2017－04	28.00	747
平面几何培优教程	2019－08	88.00	748
奥数鼎级培优教程.高一分册	2018－09	88.00	749
奥数鼎级培优教程.高二分册.上	2018－04	68.00	750
奥数鼎级培优教程.高二分册.下	2018－04	68.00	751
高中数学竞赛冲刺宝典	2019－04	68.00	883
初中尖子生数学超级题典.实数	2017－07	58.00	792
初中尖子生数学超级题典.式、方程与不等式	2017－08	58.00	793
初中尖子生数学超级题典.圆、面积	2017－08	38.00	794
初中尖子生数学超级题典.函数、逻辑推理	2017－08	48.00	795
初中尖子生数学超级题典.角、线段、三角形与多边形	2017－07	58.00	796
数学王子——高斯	2018－01	48.00	858
坎坷奇星——阿贝尔	2018－01	48.00	859
闪烁奇星——伽罗瓦	2018－01	58.00	860
无穷统帅——康托尔	2018－01	48.00	861
科学公主——柯瓦列夫斯卡娅	2018－01	48.00	862
抽象代数之母——埃米·诺特	2018－01	48.00	863
电脑先驱——图灵	2018－01	58.00	864
昔日神童——维纳	2018－01	48.00	865
数坛怪侠——爱尔特希	2018－01	68.00	866
传奇数学家徐利治	2019－09	88.00	1110
当代世界中的数学.数学思想与数学基础	2019－01	38.00	892
当代世界中的数学.数学问题	2019－01	38.00	893
当代世界中的数学.应用数学与数学应用	2019－01	38.00	894
当代世界中的数学.数学王国的新疆域(一)	2019－01	38.00	895
当代世界中的数学.数学王国的新疆域(二)	2019－01	38.00	896
当代世界中的数学.数林撷英(一)	2019－01	38.00	897
当代世界中的数学.数林撷英(二)	2019－01	48.00	898
当代世界中的数学.数学之路	2019－01	38.00	899

书　名	出版时间	定　价	编号
105 个代数问题:来自 AwesomeMath 夏季课程	2019—02	58.00	956
106 个几何问题:来自 AwesomeMath 夏季课程	2020—07	58.00	957
107 个几何问题:来自 AwesomeMath 全年课程	2020—07	58.00	958
108 个代数问题:来自 AwesomeMath 全年课程	2019—01	68.00	959
109 个不等式:来自 AwesomeMath 夏季课程	2019—04	58.00	960
国际数学奥林匹克中的 110 个几何问题	即将出版		961
111 个代数和数论问题	2019—05	58.00	962
112 个组合问题:来自 AwesomeMath 夏季课程	2019—05	58.00	963
113 个几何不等式:来自 AwesomeMath 夏季课程	2020—08	58.00	964
114 个指数和对数问题:来自 AwesomeMath 夏季课程	2019—09	48.00	965
115 个三角问题:来自 AwesomeMath 夏季课程	2019—09	58.00	966
116 个代数不等式:来自 AwesomeMath 全年课程	2019—04	58.00	967
117 个多项式问题:来自 AwesomeMath 夏季课程	2021—09	58.00	1409
紫色彗星国际数学竞赛试题	2019—02	58.00	999
数学竞赛中的数学:为数学爱好者、父母、教师和教练准备的丰富资源. 第一部	2020—04	58.00	1141
数学竞赛中的数学:为数学爱好者、父母、教师和教练准备的丰富资源. 第二部	2020—07	48.00	1142
和与积	2020—10	38.00	1219
数论:概念和问题	2020—12	68.00	1257
初等数学问题研究	2021—03	48.00	1270
数学奥林匹克中的欧几里得几何	2021—10	68.00	1413
数学奥林匹克题解新编	2022—01	58.00	1430
澳大利亚中学数学竞赛试题及解答(初级卷)1978～1984	2019—02	28.00	1002
澳大利亚中学数学竞赛试题及解答(初级卷)1985～1991	2019—02	28.00	1003
澳大利亚中学数学竞赛试题及解答(初级卷)1992～1998	2019—02	28.00	1004
澳大利亚中学数学竞赛试题及解答(初级卷)1999～2005	2019—02	28.00	1005
澳大利亚中学数学竞赛试题及解答(中级卷)1978～1984	2019—03	28.00	1006
澳大利亚中学数学竞赛试题及解答(中级卷)1985～1991	2019—03	28.00	1007
澳大利亚中学数学竞赛试题及解答(中级卷)1992～1998	2019—03	28.00	1008
澳大利亚中学数学竞赛试题及解答(中级卷)1999～2005	2019—03	28.00	1009
澳大利亚中学数学竞赛试题及解答(高级卷)1978～1984	2019—05	28.00	1010
澳大利亚中学数学竞赛试题及解答(高级卷)1985～1991	2019—05	28.00	1011
澳大利亚中学数学竞赛试题及解答(高级卷)1992～1998	2019—05	28.00	1012
澳大利亚中学数学竞赛试题及解答(高级卷)1999～2005	2019—05	28.00	1013
天才中小学生智力测验题. 第一卷	2019—03	38.00	1026
天才中小学生智力测验题. 第二卷	2019—03	38.00	1027
天才中小学生智力测验题. 第三卷	2019—03	38.00	1028
天才中小学生智力测验题. 第四卷	2019—03	38.00	1029
天才中小学生智力测验题. 第五卷	2019—03	38.00	1030
天才中小学生智力测验题. 第六卷	2019—03	38.00	1031
天才中小学生智力测验题. 第七卷	2019—03	38.00	1032
天才中小学生智力测验题. 第八卷	2019—03	38.00	1033
天才中小学生智力测验题. 第九卷	2019—03	38.00	1034
天才中小学生智力测验题. 第十卷	2019—03	38.00	1035
天才中小学生智力测验题. 第十一卷	2019—03	38.00	1036
天才中小学生智力测验题. 第十二卷	2019—03	38.00	1037
天才中小学生智力测验题. 第十三卷	2019—03	38.00	1038

刘培杰数学工作室
已出版(即将出版)图书目录——初等数学

书 名	出版时间	定 价	编号
重点大学自主招生数学备考全书:函数	2020—05	48.00	1047
重点大学自主招生数学备考全书:导数	2020—08	48.00	1048
重点大学自主招生数学备考全书:数列与不等式	2019—10	78.00	1049
重点大学自主招生数学备考全书:三角函数与平面向量	2020—08	68.00	1050
重点大学自主招生数学备考全书:平面解析几何	2020—07	58.00	1051
重点大学自主招生数学备考全书:立体几何与平面几何	2019—08	48.00	1052
重点大学自主招生数学备考全书:排列组合·概率统计·复数	2019—09	48.00	1053
重点大学自主招生数学备考全书:初等数论与组合数学	2019—08	48.00	1054
重点大学自主招生数学备考全书:重点大学自主招生真题.上	2019—04	68.00	1055
重点大学自主招生数学备考全书:重点大学自主招生真题.下	2019—04	58.00	1056
高中数学竞赛培训教程:平面几何问题的求解方法与策略.上	2018—05	68.00	906
高中数学竞赛培训教程:平面几何问题的求解方法与策略.下	2018—06	78.00	907
高中数学竞赛培训教程:整除与同余以及不定方程	2018—01	88.00	908
高中数学竞赛培训教程:组合计数与组合极值	2018—04	48.00	909
高中数学竞赛培训教程:初等代数	2019—04	78.00	1042
高中数学讲座:数学竞赛基础教程(第一册)	2019—06	48.00	1094
高中数学讲座:数学竞赛基础教程(第二册)	即将出版		1095
高中数学讲座:数学竞赛基础教程(第三册)	即将出版		1096
高中数学讲座:数学竞赛基础教程(第四册)	即将出版		1097
新编中学数学解题方法1000招丛书.实数(初中版)	即将出版		1291
新编中学数学解题方法1000招丛书.式(初中版)	即将出版		1292
新编中学数学解题方法1000招丛书.方程与不等式(初中版)	2021—04	58.00	1293
新编中学数学解题方法1000招丛书.函数(初中版)	即将出版		1294
新编中学数学解题方法1000招丛书.角(初中版)	即将出版		1295
新编中学数学解题方法1000招丛书.线段(初中版)	即将出版		1296
新编中学数学解题方法1000招丛书.三角形与多边形(初中版)	2021—04	48.00	1297
新编中学数学解题方法1000招丛书.圆(初中版)	即将出版		1298
新编中学数学解题方法1000招丛书.面积(初中版)	2021—07	28.00	1299
高中数学题典精编.第一辑.函数	2022—01	58.00	1444
高中数学题典精编.第一辑.导数	2022—01	68.00	1445
高中数学题典精编.第一辑.三角函数·平面向量	2022—01	68.00	1446
高中数学题典精编.第一辑.数列	2022—01	58.00	1447
高中数学题典精编.第一辑.不等式·推理与证明	2022—01	58.00	1448
高中数学题典精编.第一辑.立体几何	2022—01	58.00	1449
高中数学题典精编.第一辑.平面解析几何	2022—01	68.00	1450
高中数学题典精编.第一辑.统计·概率·平面几何	2022—01	58.00	1451
高中数学题典精编.第一辑.初等数论·组合数学·数学文化·解题方法	2022—01	58.00	1452

联系地址:哈尔滨市南岗区复华四道街10号　哈尔滨工业大学出版社刘培杰数学工作室
网　　址:http://lpj.hit.edu.cn/
邮　　编:150006
联系电话:0451—86281378　　13904613167
E-mail:lpj1378@163.com